智能制造领域应用型人才培养"十三五"系列精品教材

工业机器人

技术应用机电基础

U0186100

组　编　**工课帮**

主　编　熊伟斌

副主编　帅利梦　赵雅斌

参　编　龙森林　殷天勤

华中科技大学出版社
http://www.hustp.com
中国·武汉

内容介绍 NEIRONGJIESHAO

本书以工业机器人最典型的搬运、机床上下料、装配、焊接工作站应用系统为出发点，结合可操作性实训任务，介绍低压电气设备，将相关原理与实践有机结合，使学生在实际操作中掌握低压电气设备的应用和操作技能。本书分为四个项目和八个附件。每个项目的内容安排做到了浅入深、循序渐进。工作任务的完成以工作过程为导向，注重学生职业能力、职业素养、团队协作等综合素质的培养。本书具有知识面广、内容全面深刻的特点，通过工作任务式的方式使学生更容易接受所学知识。此外，本书在内容上还整合了电气工具、制图方法、读图技巧等相关的职业必须技能。

本书通过具体的、简单的控制实例讲解工业机器人机电技术的应用。在介绍工业机器人机电技术应用的过程中介绍了以下几个方面的知识：低压配电电气的应用、控制电气的应用、主令电气的应用、执行电气的应用等。

图书在版编目（CIP）数据

工业机器人技术应用机电基础 / 工课帮组编；熊伟斌主编.—武汉：华中科技大学出版社，2020.8
ISBN 978-7-5680-6375-3

Ⅰ.①工… Ⅱ.①工… ②熊… Ⅲ.①工业机器人–机电设备–高等职业教育–教材 Ⅳ.①TP242.2

中国版本图书馆CIP数据核字(2020)第153612号

工业机器人技术应用机电基础   工课帮 组编
Gongye Jiqiren Jishu Yingyong Jidian Jichu   熊伟斌 主编

策划编辑：袁　冲
责任编辑：彭中军
封面设计：沃　米
责任监印：朱　玢

出版发行：华中科技大学出版社（中国·武汉）   电话：（027）81321913
　　　　　武汉市东湖新技术开发区华工科技园   邮编：430223
录　　排：湖北新华印务有限公司
印　　刷：武汉科源印刷设计有限公司
开　　本：787mm×1092 mm　1/16
印　　张：16.5
字　　数：429千字
版　　次：2020年8月第1版第1次印刷
定　　价：49.00元

"工课帮"简介

　　武汉金石兴机器人自动化工程有限公司(简称金石兴)是一家专门致力于工程项目与工程教育的高新技术企业,"工课帮"是金石兴旗下的高端工科教育品牌。

　　自"工课帮"创立以来,教学研发团队一直致力于打造精品课程资源,不断在产、学、研三个层面创新执教理念与教学方针,并集中"工课帮"的优势力量,有针对性地出版了智能制造系列教材二十多种,制作了教学视频数十套,发表了各类技术文章数百篇。

　　"工课帮"不仅研发智能制造系列教材,还为高校师生提供配套学习资源与服务。

　　为高校学生提供的配套服务:

　　(1)针对高校学生在学习过程中压力大等问题,"工课帮"为高校学生量身打造了"金妞","金妞"致力推行快乐学习。高校学生可添加 QQ(2360363974)获取相关服务。

　　(2)高校学生可用 QQ 扫描下方的二维码,加入"金妞"QQ 群,获取最新的学习资源,与"金妞"一起快乐学习。

　　为工科教师提供的配套服务:

　　针对高校教学,"工课帮"为智能制造系列教材精心准备了"课件＋教案＋授课资源＋考试库＋题库＋教学辅助案例"系列教学资源。高校老师可联系大牛老师(QQ:289907659),获取教材配套资源,也可用 QQ 扫描下方的二维码,进入专为工科教师打造的师资服务平台,获取"工课帮"最新教师教学辅助资源。

现阶段,我国制造业面临资源短缺、劳动力成本上升、人口红利减少等压力,而工业机器人的应用与推广,将极大地提高生产效率和产品质量,降低生产成本和资源消耗,有效提高我国工业制造竞争力。我国《机器人产业发展规划(2016—2020年)》强调,机器人是先进制造业的关键支撑装备和未来生活方式的重要切入点。广泛采用工业机器人,对促进我国先进制造业的崛起,有着十分重要的意义。"机器换人,人用机器"的新型制造方式有效推进了工业升级和转型。

伴随着工业大国相继提出机器人产业政策,如德国的"工业4.0"、美国的先进制造伙伴计划、中国的"十三五规划"与"中国制造2025"等国家政策,工业机器人产业迎来了快速发展的态势。当前,随着劳动力成本上涨,人口红利逐渐消失,生产方式向柔性、智能、精细转变,中国制造业转型升级迫在眉睫。全球新一轮科技革命和产业变革与中国制造业转型升级形成历史性交汇,中国已经成为全球最大的机器人市场。大力发展工业机器人产业,对于打造我国制造业新优势、推动工业转型升级、加快制造强国建设、改善人民生活水平具有深远意义。

工业机器人已在越来越多的领域得到了应用。在制造业中,尤其是在汽车产业中,工业机器人得到了广泛应用。如在毛坯制造(冲压、压铸、锻造等)、机械加工、焊接、热处理、表面涂覆、上下料、装配、检测及仓库堆垛等作业中,机器人逐步取代人工作业。机器人产业的发展对机器人领域技能型人才的需求也越来越迫切。为了满足岗位人才需求,满足产业升级和技术进步的要求,部分应用型本科院校相继开设了相关课程。在教材方面,虽有很多机器人方面的专著,但普遍偏向理论与研究,不能满足实际应用的需要。目前,企业的机器人应用人才培养只能依赖机器人生产企业的培训或产品手册,缺乏系统学习和相关理论指导,严重制约了我国机器人技术的推广和智能制造业的发展。武汉金石兴机器人自动化工程有限公司依托华中科技大学在机器人方向的研究实力,顺应形势需要,产、学、研、用相结合,组织企业专家和一线科研人员开展了一系列企业调研,面向企业需求,联合高校教师共同编写了"智能制造领域应用型人才培养'十三五'系列精品教材"系列图书。

该系列图书有以下特点:

(1)循序渐进,系统性强。该系列图书从工业机器人的入门应用、技术基础、实训指导,到工业机器人的编程与高级应用,由浅入深,有助于读者系统学习工业机器人技术。

(2)配套资源丰富多样。该系列图书配有相应的人才培养方案、课程建设标准、电子课件、视频等教学资源,以及配套的工业机器人教学装备,构建了立体化的工业机器人教学体系。

(3)覆盖面广,应用广泛。该系列图书介绍了工业机器人集成工程所需的机械工程案例、电气设计工程案例、机器人应用工艺编程等相关内容,顺应国内机器人产业人才发展需要,符合制造业人才发展规划。

"智能制造领域应用型人才培养'十三五'系列精品教材"系列图书结合工业机器人集

成工程实际应用,教、学、用有机结合,有助于读者系统学习工业机器人技术和强化提高实践能力。该系列图书的出版发行填补了机器人工程专业系列教材的空白,有助于推进我国工业机器人技术人才的培养和发展,助力中国智造。

中国工程院院士

2018 年 10 月

目前，中国正处于产业转型升级的关键时期。工业机器人作为先进制造业中不可替代的重要装备，已经成为衡量一个国家制造水平和科技水平的重要标志。"十二五"时期是中国工业机器人产业发展的转折时期，根据国际机器人联合会（IFR）的统计，中国机器人市场需求总量占全球比例的16.9%，是世界上最大的工业机器人市场。

工业机器人已在越来越多的领域得到了应用。在制造业中，尤其是在汽车产业中，工业机器人得到了广泛的应用，如在毛坯制造、焊接、表面涂覆、上下料、装配、检测及仓库堆垛等工作中，工业机器人都已逐步取代了人工。工业机器人产业的发展对熟练掌握工业机器人编程与操作的技能型人才的需求越来越迫切。为了满足岗位人才培养的需求，满足产业升级、技术进步的要求，部分职业院校相继开设了相关课程，但还不能满足实际应用的全部需求。目前，适合职业教育和技能培训的教材尚为空白。企业的工业机器人操作、维护保养、系统集成人才的培养只能依靠工业机器人生产企业的培训或产品手册的指导，缺乏系统性和理论支持。

本书从企业的生产实际出发，经过广泛的调研，选取目前工业机器人最典型的搬运、机床上下料、装配、焊接工作站应用系统，以工业机器人为载体，通过项目式教学的方法，介绍每一种工作站系统的组成、系统配电、系统电气设备选型方法和技巧等，将相关的原理和实践有机结合，使学生在实际操作中掌握机器人相关的基础知识和操作技能。

全书共四个项目和八个附件。项目一为机电应用低压配电系统，是项目二至四的基础。项目二至四分别为：机电应用控制系统，机电应用信号控制与人机交互控制，机电应用系统驱动及其控制。八个附件分别介绍了八个方面的控制内容。每个项目的内容由浅入深，循序渐进，注重学生职业能力、职业素养、团队协作等综合素质的培养。

编写本书的宗旨如下。

（1）简单。尽量介绍必需的知识，让读者较快实现工业机器人机电技术的入门，通读全书后能绘制简单的图纸，掌握常见的电气原理图并可以进行接线调试。

（2）实例。通过实例手把手地教读者使用、选择各种低压电气设备。

（3）讲解。讲解用到的知识，通过可操作的任务实践来传授各种机电技术技巧。

（4）标准知识和专业知识。在实践辅导的过程中，会对电气设计中用到的IEC规范进行简单的介绍，也会对一些常用的部件结合电气术语进行讲解。

（5）学中做、做中学。在学习中通过实际案例讲解做法，遵循"授人以鱼不如授之以渔"的理念。"授人以鱼"只救一时之急，"授人以渔"则可解一生之需。

尽管编者主观上想使读者满意，但书中肯定还会有不尽如人意之处，恳请读者提出宝贵的意见和建议。

如有问题请给我们发邮件，电子邮箱为2360363974@qq.com。

编者

2020年5月

项目一
机电应用低压配电系统

1

【学习目标】

知识目标:掌握低压配电设备的基本工作原理、低压配电设备的电气符号、安装使用方法及其在配电系统中的作用;掌握电气控制绘图的方法;掌握电气识图的方法。

能力目标:能够根据控制要求选择型号合适的低压配电设备;能够使用常见的电工工具;能够动手搭建、调试低压配电系统;能够绘制电气原理图;能够初步识读电气图。

【项目任务】

任务1 数控机器人交流供配电系统搭建
任务2 工业机器人直流供电应用系统搭建
任务3 工业机器人电源监控系统应用
任务4 工业机器人系统应用电气元件配盘

工业控制的基础是从配电开始的。本项目任务1和任务2介绍了工业机器人交流供配电系统搭建、工业机器人直流配电应用系统搭建。通过动手搭建系统明确配电的过程和方法。配电系统搭建好后,如何监控电源使用情况、如何绘制电气图,引导读者掌握工业机器人电源监控系统应用的内容将在任务3中介绍;本项目任务4介绍工业机器人系统应用电气元件配盘,引导读者掌握识读电气图的方法,电气设备安装、敷设走线的方法,实现从电气图到实际电气控制线路的转变。

◢ 任务1 数控机器人交流供配电系统搭建 ◣

一、任务描述

低压配电顾名思义为处理低压供电分配的工作。合理运用低压配电对工业机器人工作站的正常运行具有十分重要的意义。

本任务的要求有：①选择合适的供电系统；②给指定的交流负载选择合适的低压断路器，并计算出控制负载所需的最小电流；③选择合适的电工工具，搭建交流负载供电回路。

典型的交流配电系统如图1-1-1所示。

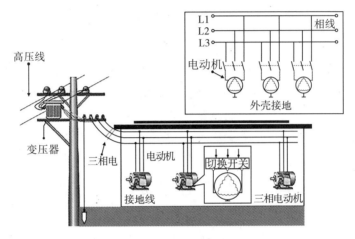

图 1-1-1 典型的交流配电系统

二、相关知识

1. 低压配电系统

根据现行的国家标准《低压配电设计规范》(GB50054—2011)的定义,将低压配电系统分为IN(三相三线制)、TT(三相四线制)、TN(三相五线制)三种形式。其中,T表示电源变压器中性点直接接地或电气设备的外壳直接接地(但和电网的接地系统没有联系);I表示电源变压器中性点不接地(或通过高阻抗接地);N表示电气设备的外壳与系统的接地中性线相连。TN系统包括TN-C、TN-C-S、TN-S三种。TN-S系统如图1-1-2所示。

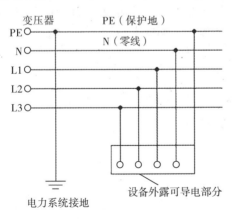

图 1-1-2 TN-S 系统

TN-S系统说明：整个系统的中性线（N）与保护线（PE）是分开的。设备外露可导电部分应与保护线（PE）紧紧连接。为了预防电网对计算机的干扰,现实中多采用TN-S系统

目前,单独使用独一变压器供电的或变配电所距施工现场较近的工地基本上都采用了TN-S系统。它与逐级漏电保护相配合,确实起到了保障施工用电安全的作用,但必须注意几个问题。

(1)保护零线(PE线)绝对不允许断开,也不许接入漏电开关。否则若有一台设备内部发生漏电而使该设备外露不带电部分带电时,就构不成回路,保护器不会自动切断电源,从而产生严重后果:与之接同一条保护地线的其他完好设备外壳也都被动带电,引起大范围的电气设备外壳带电,造成可怕的触电事故。

(2)同一用电系统中的电气设备绝对不允许部分接地、部分接零。否则当保护接地的设备发生漏电时,会使中性点接地线电位升高,造成所有采用保护接零的设备外壳带电。

(3)保护零线(PE线)的材料及连接要求:保护零线的截面应不小于工作零线的截面,并使用黄/绿双色线。

(4)与电气设备连接的保护零线应为截面不小于 2.5 mm² 的绝缘多股铜线。

(5)保护零线与电气设备连接应采用铜鼻子等可靠连接,不得采用铰接。

(6)电气设备接线柱应镀锌或涂防腐油脂,保护零线在配电箱中应通过端子板连接,在其他地方不得有接头出现。

注意:总零线(N)不得装设熔断器和单独的开关装置,即使通过开关,也应采用N线直通型开关;保证N线连续可靠不间断地连接,N线导体的截面积应截面不小于 2.5 mm² 的绝缘铜线;N线不得作重复接地连接。

2. 低压配电方式

设备的供电方式分为直流供电和交流供电。其中,交流供电分为单相供电和三相供电。这里仅对交流供电进行介绍。

(1)单相交流供电:主要有单相两线制供电和单相三线制供电。单相两线制由一根火线和一根零线组成获取 220 V AC 电压;单相三线制由一根火线、一根零线和一根地线组成,其中地线用于保护接地用,单相交流主要用于 220 V AC 电压回路控制上。

单相电的情况:三根相线间电压为 380 V,零线由变压器中性点引出并接地,取任意一根相线加零线构成 220 V 供电线路。

(2)三相交流供电:每相之间电压为 380 V AC,三相制供电主要用于三相电动机供电或其他 380 V AC 用电设备供电。

常见低压配电方式如图 1-1-3 所示。

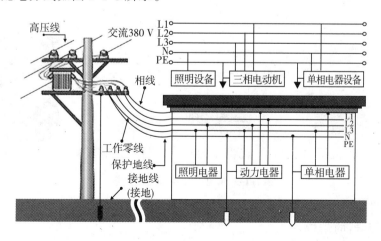

图 1-1-3 常见低压配电方式

3. 低压配电电器

低压配电电器的功能:能根据外界的信号和要求,手动或自动地接通、断开电路,以实现对电路或非电对象的切换、控制、保护、检测、变换和调节。

低压配电电器主要包括低压断路器、低压熔断器、隔离开关、负荷开关、刀开关、开关电源、变压器等。它主要用于电网中配送电控制,适用于操作不是很频繁的场合。本任务主要介绍低压断路器。图1-1-4为低压配电控制柜,通过控制柜向车间、办公室等供电。

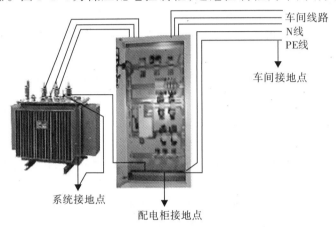

图 1-1-4 低压配电控制柜

低压断路器又叫自动空气开关。低压断路器是一种既有手动开关作用,又能自动进行失压过载、欠压过载和短路保护的电器。

1)低压断路器的功能

低压断路器用来分配电能,控制不频繁启动的异步电机,对电源线路及电动机等实行保护,当它们发生严重的过载、短路及欠电压等故障时能自动切断电路。

低压断路器是用于交流电压1000 V,直流电压1200 V的电路中起通断、控制或保护等作用的电器。低压断路器是工业电器的重要组成部分,在机械行业中是基础配套件。在配电系统中低压成套开关设备主要由各种低压断路器元件构成,低压断路器的功能及性能对低压成套开关设备起着至关重要的作用。在工业自动化系统中,也需要由低压断路器构成的各种控制柜、控制台、控制器等产品。

常见的几种低压断路器如图1-1-5所示。

(a)4极微型断路器　　(b)2极微型断路器　　(c)1极微型断路器　　(d)塑壳式断路器

图 1-1-5 常见的几种低压断路器

2)低压断路器的结构、工作原理和电气符号

(1)低压断路器的结构。

低压断路器主要由三个基本部分组成,即触头、灭弧系统和脱扣器。脱扣器包括过电

流脱扣器、失压(欠电压)脱扣器、热(过载)脱扣器、分励脱扣器和自由脱扣器。

断路器结构如图 1-1-6 所示。

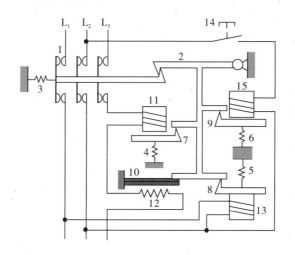

图 1-1-6　断路器结构

　　1—触头；2—搭钩；3、4、5、6—弹簧；7、8、9—衔铁；10—双金属片；11—过流脱扣线圈；12—加热电阻丝；13—失压脱扣线圈；14—按钮；15—分励线圈

（2）低压断路器的工作原理。

低压断路器开关是靠操作机构手动或电动合闸的，触头闭合后，自由脱扣机构将触头锁在合闸位置上。当电路发生故障时，通过各自的脱扣器使自由脱扣机构动作，自动跳闸以实现保护功能。分励脱扣器作为远距离控制分断电路之用。

当发生短路时，大电流（一般为正常电路电流的 10 到 12 倍）所产生的磁场，会克服反弹力弹簧，从而让脱扣器拉动操作机头，让开关迅速跳闸。当电量过载，电流变大使发热量加剧，双金属片会变形到一定的程度，从而推动机构动作（电流越大，动作的时间也就越短）。

低压断路器的内部结构如图 1-1-7 所示。

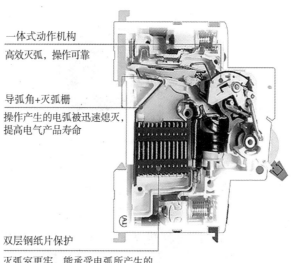

图 1-1-7　低压断路器的内部结构

（3）低压断路器的电气符号。

图1-1-8是1极低压断路器和3极低压断路器的电气符号，2极低压断路器由2个1极低压断路器电气符号组成。

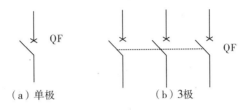

（a）单极　　　　（b）3极

图1-1-8　低压断路器电气符号

3）低压断路器的分类

低压断路器可分为塑壳式断路器、框架式断路器和微型断路器三类。

低压断路器类型如图1-1-9所示。

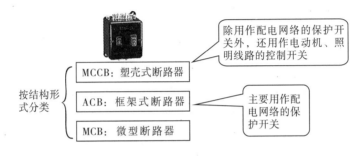

图1-1-9　低压断路器类型

（1）框架式断路器。

框架式断路器简称ACB，所有的零部件都安装在一个绝缘的或金属的框架上，有较大的结构变化、较多种的脱扣器、较多数量的辅助触头，一般供630 A以上的大电流选用，主要作为一个系统的总断路器。

框架式断路器如图1-1-10所示。

图1-1-10　框架式断路器

（2）塑料外壳式断路器。

塑料外壳式断路器（见图1-1-11）简称塑壳式或MCCB，所有的零件都安装在一个绝缘外壳中。塑料外壳式断路器结构紧凑、体积小、重量轻、价格较低，并且使用较安全（操作者接触导电部件的可能性小），适于独立安装。MCCB主要供较大电流（50～630 A）选用。它的分断要求高，可保护精确的负载。

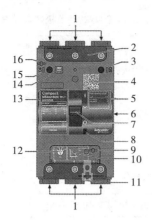

图 1-1-11 塑料外壳式断路器

1—电源连接件（EverLink™接线片、带控制线端子的 EverLink 接线片、压缩接线片/母排、机械接线片）；2—连接系统护盖；3—SD 存在指示器；4—产品信息的对应 QR 代码；5—端子信息；6—产品和附件数据标签；7—拨动手柄；8—脱扣测试按钮；9—设置盖铅封；10—脱扣曲线；11—DIN 导轨锁；12—电流设置按钮（仅限断路器）；13—设备标识、认证标志和 IEC/EN 断续流额定值；14—MN 或 MX 存在指示器；15—OF 存在指示器；16—附件盖铅封

（3）微型断路器。

微型断路器简称为 MCB，一般情况下针对小电流（1~63 A）选用。其常用于分断能力要求不高的负载，如照明、插座、小容量电动机等。微型断路器属于末端配电设备，在工业现场使用较多，根据电源的类型又可分为 1 极、2 极（2P 和 1P+N）、3 极、4 极（3P+N）。每种类型的断路器根据磁脱扣曲线可分为 A/B/C/D 4 种脱扣曲线。

微型断路器如图 1-1-12 所示。

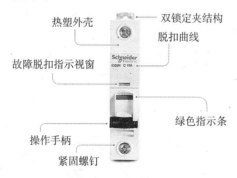

图 1-1-12 微型断路器

①微型断路器极性选择。

极数是指切断线路导线根数，1 极只切断一根导线，2 极同时切断两根导线，依此类推。对于微型断路器，1P+N、1P、2P 一般都用来作为单相用电设备的通断控制，但效果不同。

微型断路器极数如图 1-1-13 所示。微型断路器极数选择说明如表 1-1-1 所示。

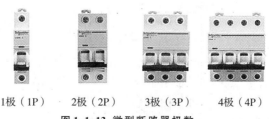

图 1-1-13 微型断路器极数

表1-1-1　微型断路器极数选择说明

极数	特点说明
1P	具有热磁脱扣功能，仅控制火线（相线），常用于单相小负荷回路，如室内照明回路。使用1P断路器时上级断路器必须有漏电脱扣功能，检修时为了防止火、零线错乱造成事故，必须切断上级电源
1P+N	同时控制火线、零线，但只有火线具有热磁脱扣功能。为了防止检修火、零线错乱的问题，可用1P+N
2P	同时控制火线、零线，且都具有热磁脱扣功能
3P	控制三相电源的通断
4P	4P是在3P的基础上加N端，能同时切断三相电和零线，一般用作配电的总开

②微型断路器脱扣曲线的选择。

微型断路器是不同于框架式断路器。微型断路器出厂的时候电流就已经确定好了，选用时按照负荷的特点选用A、B、C、D曲线，偏重灵敏性选B，馈线回路选C，电机回路选D。

不同脱扣曲线的微型断路器如图1-1-14所示。微型断路器脱扣曲线如图1-1-15所示。

图1-1-14　不同脱扣曲线的微型断路器

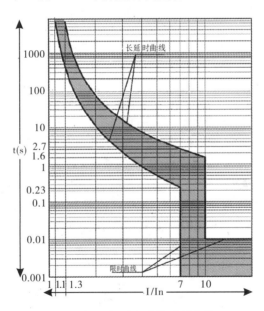

图1-1-15　微型断路器脱扣曲线

a.在特性曲线带左侧是不脱扣区域，此区域属正常工作范围，负载微型断路器闭合承载电流。在特性曲线右侧及上方是脱扣区域，属于非正常操作范围。此时，微型断路器应可靠地分段过电流或短路电流。两条曲线包围的区域是误差区域，不能确定是脱扣还是不脱扣。两条曲线中，电流如果超过右侧的曲线，是肯定脱扣的。

b.图1-1-15中长延时脱扣与瞬时脱扣表示电流范围I/In>3时会发生长延时脱扣,脱扣时间在1～1.6 s之间,t与I的平方成反比,I越大脱扣时间越短;I/In>10倍以上时,会发生瞬时脱扣,脱扣时间为0.01 s(全分断时间)。

c.图1-1-15中0.23和2.7是瞬时和长延时热刺脱扣器冷态和热态动作的阀值临界点。

d.微型断路器脱扣曲线中两条曲线中间有两条垂直线。这两条垂直线代表瞬时磁脱扣器动作的阀值。电流7 A时,断路器进入可能动作的阶段;电流达到10 A时,断路器必然动作。

4)漏电保护断路器

漏电保护断路器也称剩余电流动作断路器,在人为操作用电的场合使用较多。

(1)漏电保护断路器的功能。

漏电保护断路器适用于交流线路(频率为50 Hz或60 Hz,单相电压230 V、三相电压400 V,额定电流为0～60 A)。当人身触电或电网泄漏电流超过规定值时,漏电保护断路器能在极短的时间内迅速切断故障电源,保护人身及用电设备的安全。

漏电保护断路器如图1-1-16所示。

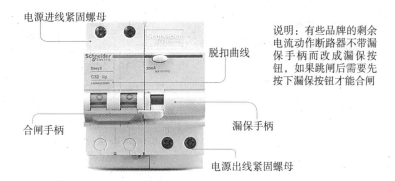

图1-1-16　漏电保护断路器

(2)漏电保护断路器的工作原理和电气符号。

漏电保护断路器的主要部件是一个磁环感应器,火线和零线采用并列绕法在磁环上缠绕几圈,在磁环上还有个次级线圈。当同一相的火线和零线在正常工作时,电流产生的磁通正好抵消,在次级线圈不会感应出电压。

漏电保护断路器工作原理图如图1-1-17所示。

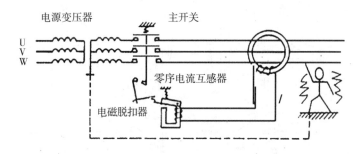

图1-1-17　漏电保护断路器工作原理图

如果某一线有漏电/触电,在磁环中通过的火线和零线的电流就会不平衡,从而在次级线圈中感应出电压,通过电磁铁使脱扣器动作跳闸,图1-1-18是漏电保护断路器的电气符号。

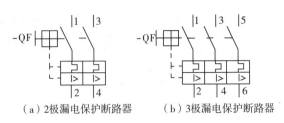

（a）2极漏电保护断路器　　（b）3极漏电保护断路器

图 1-1-18 漏电保护断路器电气符号

4. 低压电器的安装与接线

1）电器安装接线工具

（1）螺钉旋具。

螺钉旋具也称螺丝刀（见图 1-1-19），俗称改锥，是用来紧固和拆卸螺钉的工具。它主要由螺丝刀头与手柄构成，常使用到的螺丝刀有一字螺丝刀、十字螺丝刀。

一字螺丝刀是电工操作中使用比较广泛的工具。一字螺丝刀由绝缘手柄和一字螺丝刀头构成。一字螺丝刀头为薄楔形头。十字螺丝刀的刀头是由两个薄楔形片十字交叉构成，不同型号的十字螺丝可以用其固定螺拆卸与其相对应型号的固定螺钉。

螺丝刀的握法如图 1-1-20 所示。

图 1-1-19 螺丝刀　　　　**图 1-1-20 螺丝刀的握法**

螺丝刀的用法如下。

①大螺丝刀的使用：大螺丝刀一般用来紧固或旋松大的螺钉。使用时，用大拇指、食指和中指夹住握柄，手掌顶住握柄的末端，以适当力度旋紧或旋松螺钉，刀口要放入螺钉的头槽内，不能打滑。

②小螺丝刀的使用：小螺丝刀一般用紧固或拆卸电气装置接线桩上的小螺钉，使用时可用大拇指和中指夹住握柄，用食指顶住柄的末端捻旋，不能打滑以免顺伤螺钉头槽。

③长螺丝刀的使用：用右手压紧并转动手柄，左手握住螺丝刀的中间，不得放在螺丝刀的周围，以防刀头滑脱将手划伤。

螺丝刀的使用如图 1-1-21 所示。

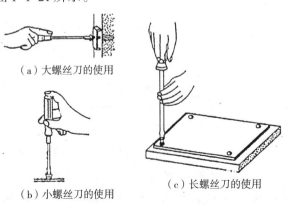

（a）大螺丝刀的使用

（b）小螺丝刀的使用　　　　（c）长螺丝刀的使用

图 1-1-21 螺丝刀的使用

（2）钢丝钳。

钢丝钳主要用于剪切、绞弯、夹持金属导线，也可用作紧固螺母、切断钢丝。钢丝钳的结构和使用如图1-1-22所示。电工应该选用带绝缘手柄的钢丝钳，其绝缘性能为500 V。常用钢丝钳的规格有150 mm、175 mm和200 mm三种。

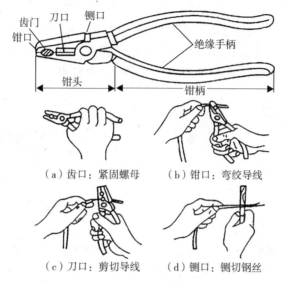

（a）齿口：紧固螺母　（b）钳口：弯绞导线

（c）刀口：剪切导线　（d）铡口：铡切钢丝

图1-1-22 钢丝钳的结构和使用

使用钢丝钳时应该注意以下几个方面。

①在使用电工钢丝钳以前，应该检查绝缘手柄的绝缘是否完好，如果绝缘破损，进行带电作业时会发生触电事故。

②用钢丝钳剪切带电导线时，既不能用刀口同时切断相线和零线，也不能同时切断两根相线，且两根导线的断点应保持一定距离，以免发生短路事故。

③不得把钢丝钳当作锤子敲打使用，也不能在剪切导线或金属丝时，用锤或其他工具敲击钳头部分。另外，钳轴要经常加油，以防生锈。

（3）尖嘴钳。

尖嘴钳的头部尖细，适用于在狭小的工作空间操作，主要用于夹持较小物件，也可用于弯绞导线，剪切较细导线和其他金属丝。电工使用的是带绝缘手柄的一种，其绝缘手柄的绝缘性能为500 V。其外形如图1-1-23所示。尖嘴钳按其全长分为130 mm、160 mm、180 mm、200 mm四种。尖嘴钳在使用时的注意事项，与钢丝钳一致。

（4）斜口钳。

斜口钳（见图1-1-24）用于剪细导线或修剪导线多余的线头，也可以用于接线头的剥离。

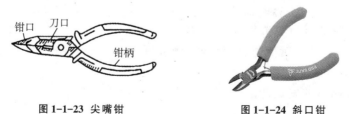

图1-1-23 尖嘴钳　　　　图1-1-24 斜口钳

（5）剥线钳。

剥线钳（见图1-1-25）是用于剥除较小直径导线、电缆的绝缘层的专用工具。它的手柄是绝缘的,绝缘性能为 500 V,使用时要注意选好孔径,切勿使刀口剪伤内部的金属蕊线。剥线钳的使用方法十分简便,确定要剖削的绝缘长度后,即可把导线放入相应的切口中(直径 0.5～3 mm),用手将钳柄握紧,导线的绝缘层即被拉断后自动弹出。

(6)电工刀。

电工刀(见图 1-1-26)主要用于剖削导线的绝缘外层。在使用电工刀进行剖削作业时,应将刀口朝外,剖削导线绝缘时,应使刀面与导线成较小的锐角,以防损伤导线;电工刀使用时应注意避免伤手;使用完毕后,应立即将刀身折进刀柄;因为电工刀刀柄是无绝缘保护的,所以,绝不能在带电导线或电气设备上使用,以免触电。

（a）自动式　　（b）手动式

图 1-1-25 剥线钳　　　　图 1-1-26 电工刀

(7)试电笔的使用。

当用电笔测试带电体时,电流经带电体、电笔、人体及大地形成通电回路,只要带电体与大地之间的电位差超过 60 V 时,电笔中的氖管就会发光。试电笔检测的电压范围为交流 60～500 V。使用时,必须手指触及笔尾的金属部分,并使氖管小窗背光且朝自己,以便观测氖管的亮暗程度,防止因光线太强造成误判断,其使用方法如图 1-1-27 所示。

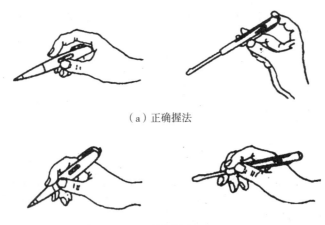

（a）正确握法

（b）错误握法

图 1-1-27 试电笔的使用方法

试电笔使用注意事项:①使用前,必须在有电源处对验电器进行测试,以证明该验电器确实良好;②验电时,应使验电器逐渐靠近被测物体,直至氖管发亮,不可直接接触被测体;③验电时,手指必须触及笔尾的金属体,否则带电体也会误判为非带电体;④验电时,要防止手指触及笔尖的金属部分,以免造成触电事故。

2)低压断路器的安装

(1)塑壳式断路器的安装。

①轨道式安装。

由于塑壳式断路器重量和尺寸大小较微型断路器大,因而轨道式安装一般需使用两条导轨。轨道安装方式适用于在需要拆卸的场合,采购附件时需要说明。

塑壳式断路器DIN导轨安装如图1-1-28所示。

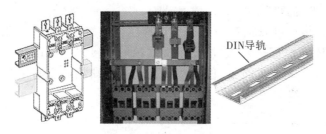

图 1-1-28 塑壳式断路器 DIN 导轨安装

②底板安装。

底板安装需要较长的螺丝钉,安装后不易拆卸,建议安装在钢板上。塑壳式断路器底板安装如图1-1-29所示。

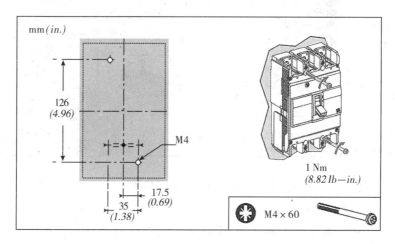

图 1-1-29 塑壳式断路器底板安装

(2)微型断路器的安装。

微型断路器安装采用导轨安装,如图1-1-30所示,安装的方向可水平或垂直,但需要考虑美观性。如果条件允许可以在断路器前加盖板,可以有效增强用电的安全性。

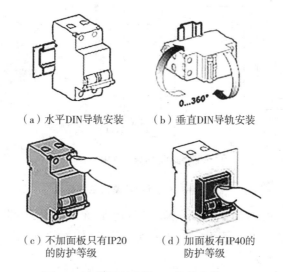

(a)水平DIN导轨安装　　(b)垂直DIN导轨安装

(c)不加面板只有IP20　　(d)加面板有IP40的
　　的防护等级　　　　　　防护等级

图 1-1-30 微型断路器 DIN 导轨安装

3）低压断路器的接线

（1）塑壳式断路器的接线。

塑壳式断路器的接线可以根据实际条件选择使用接线端子或裸线接线,但是使用塑壳式断路器的地方电流一般都较大,建议使用接线端子来接线。使用接线端子接线的时候请务必使用压线工具压紧或夹紧线头,以免线头松动造成缺相或引起用电事故。

塑壳式断路器的接线如图 1-1-31 所示。

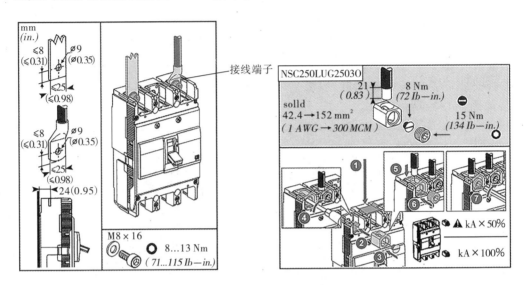

图 1-1-31 塑壳式断路器的接线

（2）微型断路器的接线。

对 1 极的微型断路器只需要接入火线控制即可;2 极的微型断路器如图 1-1-32 所示接入电源,不可接错;3 极的微型断路器对应接入 3 相 380 V 电源即可;4 极的微型断路器在 3相 380 V 电源后面增加零线,3 相电和零线切不可接错。

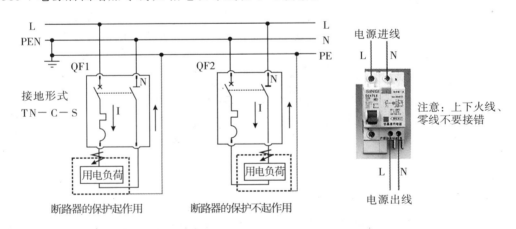

图 1-1-32 两极断路器电源接线

微型断路器接硬铜线可以直接插入,然后用螺丝刀拧紧;如果是软铜线可以使用接线端子压紧后接入或直接插入后用螺丝刀拧紧。注意软铜线使用接线端子接线的情况请务必使用压线工具压紧线头。

微型断路器的接线方法如图 1-1-33 所示。

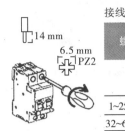

接线

螺丝尺寸	额定扭矩	极限扭矩	国家标准额定扭矩	铜线	
				硬线	软线或箍线端子
1~25 A：M5	2.5 Nm	5.1 Nm	2 Nm	1~25 mm²	1~16 mm²
32~63 A：M6.5	3.5 Nm	5.6 Nm	3.5 Nm	1~35 mm²	1~25 mm²

图 1-1-33 微型断路器的接线方法

5. 工业机器人工作站配电实例

工业机器人搬运工作站（见图 1-1-34）由 PLC 控制柜、抓手、输送线、工件库和安全栏等部分组成。

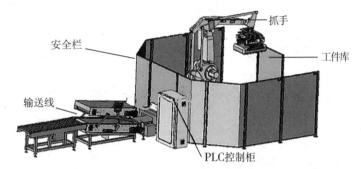

图 1-1-34 工业机器人搬运工作站

1）搬运工作站各模块功率

（1）ABB IRB4400 功率为 5.7 kW，供电电源为 380 V，50 Hz；

（2）PLC 控制柜功率为 10.92 kW，供电电源为 380 V，50 Hz；

（3）输送线功率为 5.5 kW，供电电源为 380 V，50 Hz；

（4）安全栏功率为 0.37 kW，供电电源为 220 V，50 Hz；

（5）搬运工作站系统总功率要根据具体情况确定，进线电源为 380 V，50 Hz。

2）搬运工作站配电组成及其作用

（1）总断路器：控制外部供电电源接入工作站的总开关。

（2）分模块断路器：控制工作站各模块供电开关。

（3）安全栏控制集中到 PLC 控制柜内供电，故而不需要单独使用断路器。

（4）系统配电中电流较大的需选择塑壳断路器，安装在系统配电箱内，图 1-1-35 为工作站配电组成示意图，进线的零线和地线分别集中到端子排上。

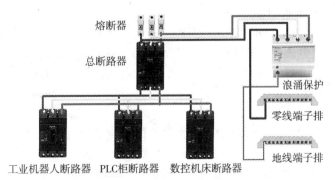

图 1-1-35 工业机器人搬运工作站系统配电组成示意图

3)工作站系统配电电器选型

(1)总断路器选型。

根据公式,算出总断路器工作线路中的最大工作电流。总断路器的最大电流为其工作线路最大电流的1.5倍左右。断路器的进线电源是380 V,应该使用3极的断路器。根据断路器的技术参数表选择相应断路器的型号,如表1-1-2所示为正泰NM1塑壳断路器的技术参数列表。工作站总断路器选择NM1-125H额定电流80 A、3极塑壳断路器。

表1-1-2　NM1塑壳断路器技术参数表

型号	壳架等级额定电流(A)	额定电流(A)	额定工作电压 Ue (V)	额定绝缘电压 Ui (V)	额定极限短路分断能力(kA) 400 V/ 690 V	额定运行短路分断能力(kA) 400 V/ 690 V	可维护机械寿命(次)	电气 AC400 V(次)	极数	飞弧距离 (mm)
NM1-63S	63	10、16、20、25、32、40、50、63	400	500	25*	12.5*	20000	3000	3	
NM1-63H	63	10、16、20、25、32、40、50、63			50*	25*	20000	3000	3	≤50
		10、16、20、25、32、40、50、63			50*	25*	20000	3000	4	
NM1-125S	125	16、20、25、32、40、50、63、80、100、125			35/8	17.5/4	20000	3000	2、3	
		80、100、125			35/8	17.5/4	20000	3000	4	
NM1-125H	125	25、32、40、50、63、80、100、125	400/690	800	50/10	25/5	20000	3000	2、3、4	≤50
NM1-125R	125	40、63、80、100、125			85/20	42.5/10	20000	3000	3	
		100、125、160、180、200、225、250			35/8	17.5/4	20000	3000	2、3	
NM1-250S	250	125、160、180、200、225、250			35/8	17.5/4	20000	3000	4	
NM1-250H	250	100、125、160、180、200、225、250	400/690	800	50/10	25/5	20000	3000	2、3、4	≤50
NM1-250R	250	125、160、200、225、250			85/20	42.5/10	20000	3000	3	

(2)工业机器人低压断路器选型。

根据公式,算出工业机器人断路器工作线路中的最大工作电流。工业机器人断路器的最大电流为其工作线路最大电流的1.3倍左右。断路器的进线电源是380 V,应该使用3极的断路器;根据表1-1-2所示,搬运工业机器人断路器可以选择NM1-63H额定电流16 A、3极塑壳断路器。

(3)PLC控制柜低压断路器选型。

根据公式,算出PLC控制柜工作线路中的最大工作电流。PLC控制柜断路器的最大电流为其工作线路最大电流的1.3倍左右。断路器的进线电源是380 V,应该使用3极的断路器;根据表1-1-2所示,搬运机器人工作站PLC控制柜断路器可以选择NM1-63H额定电流32 A、3极塑壳断路器。

(4)输送线低压断路器选型。

根据公式,算出输送线工作线路中的最大工作电流。输送线断路器的最大电流为其工作线路最大电流的1.3倍左右。低压断路器的进线电源是380 V,应该使用3极的断路器;根据表1-1-2所示,搬运机器人工作站输送线断路器可以选择NM1-63H额定电流16 A、3极塑壳断路器。

4）工作站PLC控制柜配电电器选型

控制柜各控制单元由安全栏控制供电、变压器、开关电源、柜内控制设备等组成。控制柜配电组成示意图如图1-1-36所示。

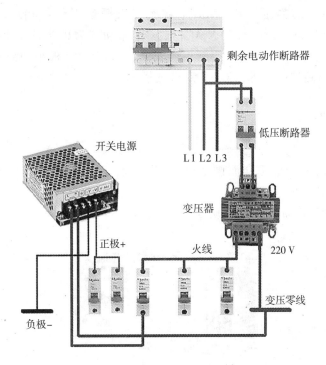

图1-1-36　控制柜配电组成示意图

（1）变压器控制低压断路器选型。

变压器控制断路器是用于控制变压器电源通断，其额定电流需要大于等于变压器的额定电流；由于变压输入的2路380 V电需要同时控制2路的通断，故使用2极小型断路器；根据小型断路器的技术参数表选择相应的型号，表1-1-3所示为正泰NB7小型断路器的技术参数表，变压器控制断路器选择NB7-32A/2P。

表1-1-3　NB7小型断路器技术参数表

技术参数项目	参数值
额定电压	230 V/400 V AC(1P)，400 V AC(2P、3P、4P)
额定电流（A）	1、2、3、4、6、10、16、20、25、32、40、50、63
极数（P）	1、2、3、4

（2）开关电源控制低压断路器选型。

开关电源控制断路器是用于控制开关电源的电源通断，其额定电流需要大于等于开关电源的额定电流4.5 A，或者根据公式计算出开关电源所需的最大电流；由于开关电源输入220 V，可以使用1极小型断路器控制火线即可；根据小型断路器的技术参数表选择相应的型号，根据表1-1-3所示的正泰NB7的技术参数列表，选择型号为NB7-6A/1P。

（3）PLC控制低压断路器选型。

PLC控制断路器是用于保护PLC和控制PLC电源通断，其额定电流需要大于等于PLC的额定电流，工作站PLC控制柜配备西门子1200PLC及其扩展模块，总功率为0.46 kW，根据公式计算出总功耗电流2.1 A；可以使用1极小型断路器，仅需控制PLC的火线；根据表

1-1-3所示正泰NB7的技术参数列表,可选择NB7-3A/1P。

(4)安全栏控制低压断路器选型。

安全栏控制断路器是用于安全栏门锁的保护和安全栏门锁电源通断,额定电流需要大于或等于安全栏门锁的额定电流,ABB工业机器人搬运工作站PLC控制柜配备欧姆龙D4NS-1AF安全门锁开关,供电为240 V AC;根据公式,功率为0.37 kW,计算出安全栏控制断路器所需的最大电流为1.68 A;其在控制柜内安装,可以使用1极小型断路器;根据表1-1-3所示正泰NB7小型断路器的技术参数列表,可选择NB7-2A/1P。

三、任务实施

1. 任务说明

本任务要求搭建一个单相交流供电系统,供电系统负载为100 W的开关电源。负载可以选用其他电器设备,如灯泡等。

100 W开关电源负载如图1-1-37所示。

图1-1-37 100 W开关电源负载

2. 任务实施步骤

1)获得单相交流电

通过低压配电方式的相关描述,单相交流电可以取三相交流电中的任意一相和零线组成220 V AC交流电,要求手动绘出获取电压的示意图。

2)选择合适的低压断路器

(1)参考低压配电方式的相关描述,选择合适类型的低压断路器。

(2)参考工业机器人搬运工作站配电实例,并根据公式计算出所需的低压断路器的最小电流;选择微型断路器还需要指明微型断路器的极数、脱扣曲线类型。

(3)选择低压断路器的品牌,根据厂家所提供的低压断路器技术参数表,选择合适型号的低压断路器,并按表1-1-4要求填写任务。

表1-1-4 工业机器人交流配电系统配电选型配置表

电器名称	数量	计算电流	电器品牌或类型	额定电流	电器型号规格
低压断路器			正泰微型		

3)搭建配电系统

搭建流程:①选择合适的电器安装工具,安装固定好低压断路器;②选择合适的电器接线工具,搭建配电回路;③送电测试系统给系统送电,检查开关电源是否正常工作。

3. 任务目标

本任务要求达到的任务目标:①系统搭建好后,低压断路器合闸测试前使用试电笔测试低压断路器进线侧有无交流电压(试电笔氖管发亮);②低压断路器合闸后使用试电笔测试低压断路器出线侧有无交流电压(试电笔氖管发亮),此时开关电源工作指示灯亮,则证明开关电源开始工作了,此任务目标完成。

四、任务拓展

1. 低压断路器故障说明

低压断路器故障说明如表1-1-5所示。

表1-1-5　低压断路器故障说明

故障设备	故障现象	故障的可能原因及其解决方法
断路器(塑壳断路器和微型断路器故障一样)	跳闸后合不上	原因:电路短路或线路缺相引起。 解决方法如下。①使用试电笔测量三相进线电源是否均有电,检查三相电是否有缺相的故障。②排除短路故障,首先断开负载,查找控制接线有没有短路的地方并检查接线端子是否都牢固;然后逐一排查电器设备短路故障。③排除断路器已经损坏,更换一个新断路器进行验证
	跳闸后可以再次合上	原因:负载过载。 解决方法如下。①检查负载是否有轻微短路或接地故障。②检查低压断路器的额定电流大小是否合适,有可能是用电负载增大引起负载电流增大
漏电保护断路器	跳闸后合不上	线路短路或漏电解决方法如下。①对短路处理方式和断路器处理方式一样。②检查设备是否有漏电的地方,使用试电笔检查设备的金属外壳是否带电。③漏电保护断路器复位按钮未按下,每次跳闸后复位按钮自动弹出,但必须手动按下才能再次使用。④排除漏电保护断路器已经损坏,更换一个新断路器作验证

2. 思考与练习

搭建负载为200 W的单相异步电动机的供电系统,要求选择合适的低压断路器。

◀ 任务2　工业机器人直流供电应用系统搭建 ▶

一、任务描述

直流电具有用电安全,无电容电流,电耗低,相同条件下比交流输送电能的能力强等优点。在工业现场有很多直流设备,如直流继电器、直流电磁阀、直流电机等都需要直流供电。如何搭建直流供电系统是本任务的目的。

本任务的要求有:①列出所需电器元件,并手工绘出直流供电系统的示意图;②安装电器元件并动手搭建线路;③合闸前使用万用表测量熔芯的好坏,电源合闸后使用万用表测量直流供电系统供电是否正确。

直流供电系统典型应用如图1-2-1所示。

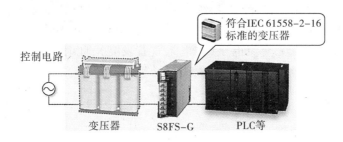

图1-2-1 直流供电系统典型应用

二、相关知识

直流电源是维持电路中形成稳恒直流电压电流的装置,如干电池、蓄电池、开关电源直流发电机等。

直流供电是通过蓄电池(见图1-2-2)、开关电源等获取的直流电源供电。常用的直流电压为24 V和12 V,使用在需要直流供电的电器设备上或直流电动机上。

直流电源有正、负两个电极,正极的电位高,负极的电位低,当两个电极与电路连通后,能够使电路两端之间维持恒定的电位差,从而在外电路中形成由正极到负极的电流。直流电源是一种能量转换装置。它把其他形式的能量转换为电能供给电路,以维持电流的稳恒流动。

直流电源的电气符号如图1-2-3所示。

图1-2-2 蓄电池

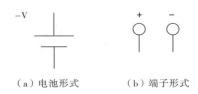

（a）电池形式　　　（b）端子形式

图1-2-3 直流电源的电气符号

1. 电源转换

1）开关电源

开关电源又称交换式电源、开关变换器,是一种高频化电能转换装置,是电源供应器的一种。开关电源主要是指直流开关电源,其功能是将质量较差的原生态电源(粗电),如市电电源或蓄电池电源,转换成满足设备要求的质量较高的直流电压(精电)。图1-2-4所示为市面较常见的24 V开关电源。

（a）平板开关电源　　　（b）导轨安装开关电源　　　（c）紧凑型开关电源

图1-2-4 常见开关电源

（1）开关电源的原理和电气符号。

①开关电源结构组成。

开关电源主要电路由防雷电路,输入电磁干扰滤波器(Electromagnetic Interference,EMI),输入整流滤波电路,功率变换电路,脉宽调制(PWM)控制器电路,输出整流滤波电路组成。辅助电路有输入过压、欠压保护电路,输出过压、欠压保护电路,输出过流保护电路,输出短路保护电路等。开关电源的电路组成方框如图1-2-5所示。

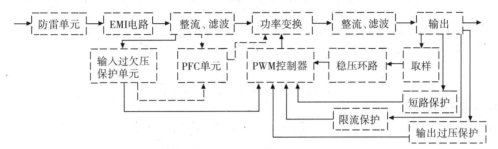

图1-2-5 开关电源方框图

②开关电源工作原理。

a. 220 V的交流电经交流滤波电路滤除外来的杂波信号,同时防止电源本身产生的高频杂波对电网的干扰。再经二极管桥式整流电路和滤波电路,整流滤波后得到约300 V的直流电,送给功率变换电路进行功率转换。

b. 功率变换电路中的开关功率管(IGBT)就在脉冲宽度调制(PWM)控制器输出的脉冲控制信号和驱动下,工作在“开”“关”状态,从而将300 V直流电切换成宽度可变的高频脉冲电压。把高频脉冲电压送给高频变压器,高频变压器的次级(二次侧)就会感应出一定的高频脉冲交流电,并送给高频整流滤波电路进行整流、滤波。

c. 经高频整流滤波后便可得到所需的各种直流电压。输出电压下降或上升时,由取样电路将取样信号通过光电耦合器,送入控制电路,经过其内部调制,由控制电路的输出端将变宽的或变窄的驱动脉冲送到开关功率管的栅极(G极),使变换电路产生的高频脉冲方波也随之变宽或变窄,由此改变输出电压平均值的大小,从而使直流电压基本稳定在所需的电压值上。

③开关电源的电气符号。

如图1-2-6所示为开关电源电气符号,开关电源输入端为交流220 V电压,输出为直流电压一般有48 V、36 V、24 V、12 V等。

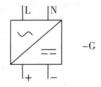

图1-2-6 开关电源的电气符号

（2）开关电源的安装。

①DIN导轨安装。

开关电源在DIN导轨安装上,安装时注意设备散热的能力,相隔不能太近。如果是平板型的开关电源需要安装在DIN导轨上,则需要增加导轨卡扣附件,附件安装在平板型开关电源的背部,注意需要选用合适的螺钉,螺钉不能突出。

开关电源DIN导轨安装如图1-2-7所示。

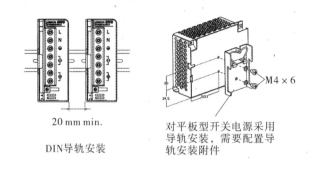

20 mm min.

DIN导轨安装

M4×6

对平板型开关电源采用
导轨安装，需要配置导
轨安装附件

图1-2-7 开关电源DIN导轨安装

②接线板安装。

开关电源可通过螺钉固定在接线板上，安装方式有如图1-2-8所示的两种。注意选用的螺钉要合适，如果没有合适长度的螺钉可以选择平垫和弹簧垫来辅助安装。

20 mm min.　20 mm min.

20 mm min.　　20 mm min.

（a）安装机壳上的螺钉时，螺钉在电源内侧突出不允许超过3 mm　（b）强烈推荐金属板作为安装面板

图1-2-8 开关电源接线板安装

（3）开关电源的接线。

开关电源的接线端子处都标注有符号（有的没有汉字），L代表接入火线、N代表接入零线，⏚代表接地线（可以不接，不影响开关电源使用）、+代表电源正极、-代表电源负极。

开关电源接线如图1-2-9所示。

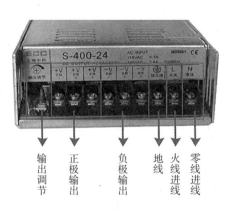

输出调节　正极输出　负极输出　地线　火线进线　零线进线

图1-2-9 开关电源接线

①单输出。

可以只从开关电源正负极引出一组正负极，将正极和负极分别接到接线端子处，通过接线端子间的相互连接实现多设备直流供电。

开关电源单输出如图1-2-10所示。

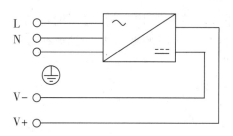

图 1-2-10 开关电源单输出

②双输出（多输出）。

双输出即为所有的直流供电设备均集中在开关电源正负极接线端子处，这对较少的供电设备方便可行。

开关电源双输出如图 1-2-11 所示。

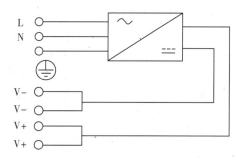

图 1-2-11 开关电源双输出

2）变压器

变压器是利用电磁感应的原理来改变交流电压的装置，主要构件是初级线圈、次级线圈和铁芯（磁芯）。其主要功能有电压变换、电流变换、阻抗变换、隔离。常见变压器如图 1-2-12 所示。

图 1-2-12 常见变压器

变压器分为单相变压器（用于单相负荷和三相电变单相电），三相变压器（用于三相电源系统的升、降电压）。

（1）变压器的结构原理和电气符号。

变压器的工作原理如下。变压器由铁芯（或磁芯）和线圈组成，线圈有两个或两个以上的绕组，其中接电源的绕组叫初级线圈，其余的绕组叫次级线圈。它可以变换交流电压、电流和阻抗。最简单的变压器由一个软磁材料做成的铁芯及套在铁芯上的两个匝数不等的线圈构成。变压器的工作原理如图 1-2-13 所示。

变压器的结构型式如下。①变压器按容量、电压的不同分成各种不同的规格,但均为单相多绕组,初级、次级互耦分开绕制的变压器。②当初级只有一个绕组时,可担负全部额定的容量;若有多个绕组时,则按各绕组应能承担给定的容量,但多绕组的容量之和不得超过总容量。图1-2-14为变压器的电气符号,其为单独绕组变压器。

图1-2-13 变压器的工作原理   图1-2-14 变压器电气符号

(2)变压器的安装及其应用。

变压器的安装:变压器通过螺钉固定在接线板(钢板)上。

变压器的使用注意事项如下。①大多数的变压器都是双线圈,即线圈一次侧和二次侧是独立分离的,所以变压器具有"电气隔离"的作用。②通常单相交流电是有"火线"和"零线"之分的,它们之间有电势差,人站在地上去抓火线会触电;使用变压器(380 V变220 V)后,二次侧两个端没有"火线"和"零线"之分,人站在地上去抓哪个端都不会触电,这就是隔离变压器的意义。图1-2-15所示为隔离变压器的实际应用。图1-2-15中变压器有两个作用:电气隔离和提供220 V电压。

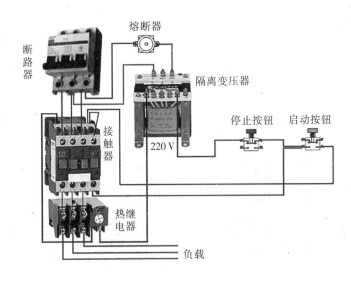

图1-2-15 隔离变压器的实际应用

2. 电源保护

1)低压熔断器

低压熔断器是指电流超过规定值时,电流本身产生的热量使熔体熔断,得以断开电路的一种电器,主要是起到保护电路安全运行的作用。当电路发生故障或者异常时,伴随着电流不断升高,并且升高的电流有可能损坏电路中的一些重要器件或者贵重件,有可能烧毁电器甚至造成火灾。这时候熔断器就起到很重要的保护电路的作用。

(1)低压熔断器的结构原理和电气符号。

低压熔断器(见图1-2-16)的结构组成:熔体在正常工作时起导通电路的作用,在故障情况下熔体将熔化,从而切断电路实现对其他设备的保护。底座用于实现各导电部分的绝缘和固定。熔断指示灯用于反应熔体的状态,即完好或已熔断。

低压熔断器的工作过程:①低压熔断器的熔体因过载或短路而加热到熔化温度;②熔体的熔化和气化;③触点之间的间隙击穿或产生电弧;④电弧熄灭、电路被断开。

低压熔断器的电气符号如图1-2-17所示,文字符号用FU表示。

图1-2-16　低压熔断器　　　　　　　　图1-2-17　低压熔断器电气符号

(2)低压熔断器的分类及其安装。

①螺旋式低压熔断器。

螺旋式低压熔断器常用于机床电气控制设备中,可用于电压500 V以下、电流200 A以下的电路中,作为短路保护。采用螺钉固定安装。螺旋式熔断器如图1-2-18所示。

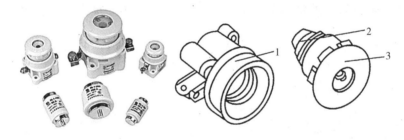

图1-2-18　螺旋式熔断器

1—底座;2—熔体;3—瓷帽

②有填料密封管式低压熔断器。

有填料密封管式低压熔断器(见图1-2-19)一般用方形管,内装石英砂和熔体,分断能力强,常用于500 V以下、电流等级1 kA大容量的配电线路中。采用螺钉固定安装。

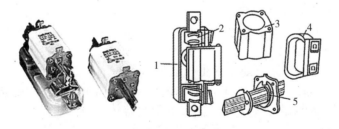

图1-2-19　有填料密封管式低压熔断器

1—瓷底座;2—弹簧片;3—管体;4—绝缘手柄;5—熔体

③无填料管式低压熔断器。

无填料管式低压熔断器(见图1-2-20)常用于电压500 V以下、电流600 A以下低压电力线路或成套配电设备中连续过载和短路保护,一般选择卡扣安装。

④快速低压熔断器。

快速低压熔断器(见图1-2-21)主要用于半导体整流元件或整流装置的短路保护,一般使用卡扣安装。

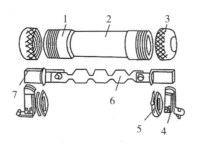

图1-2-20 无填料管式低压熔断器　　　　图1-2-21 快速低压熔断器

1—铜圈;2—熔断管;3—管帽;4—插座;
5—特殊垫圈;6—熔体;7—熔片

⑤自复式低压熔断器。

自复式低压熔断器只能限制短路电流,却不能真正切断电路,故常与低压断路器配合使用。它的优点是不必更换熔体,可重复使用。

⑥插入式低压熔断器。

插入式低压熔断器(见图1-2-22)一般用在380 V及以下电压等级低压照明线路末端或分支电路中作短路保护及高倍过流保护之用。采用螺钉固定安装。

⑦圆筒形帽低压熔断器。

其外形为圆筒形帽,额定电流至100 A的配电装置中作为过载和短路保护之用,在配电应用和配电控制柜中较为常见。采用DIN导轨安装。

圆筒形帽低压熔断器如图1-2-23所示。

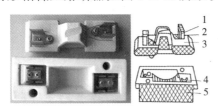

图1-2-22 插入式低压熔断器　　　　图1-2-23 圆筒形帽低压熔断器

1—动触点;2—熔体;3—瓷插件;
4—静触点;5—瓷座

(3)低压熔断器主要性能参数及其选择。

①低压熔断器的性能参数。

额定电压:保证熔断器能长期正常工作的电压。

额定电流:保证熔断器能长期正常工作的电流。它的等级划分随熔断器结构形式而异。应该注意的是,熔断器的额定电流应大于所装熔体的额定电流。

极限分断电流:熔断器在额定电压下所能断开的最大短路电流。

②熔断器选择的原则。

a.根据线路要求和安装条件选择熔断器的型号:容量小的电路选择圆筒形帽或无填料封闭式熔断器;短路电流大的选择有填料封闭式熔断器;半导体元件保护选择快速低压熔断器。

b.根据负载特性选择熔断器的额定电流:选择各级熔体需相互配合,后一级要比前一级小,总闸和各分支线路上电流不一样,选择熔丝也不一样。

    c.根据线路电压选择熔断器的额定电压:交流异步电机保护熔体电流不能选择太小 (建议2~2.5倍电机的额定电流)。如选择过小,易出现一相熔断器熔断后,造成电机缺相 运转而烧坏,必须配套热继电器作过载保护。

    (4)低压熔断器使用注意事项。

    ①检查熔管有无破损变形现象,有无放电的痕迹,有熔断信号指示器的熔断器,其指示 是否保持正常状态。

    ②熔体熔断后,应查明原因,排除故障。一般过载保护动作,熔断器的响声不大,熔丝 熔断部位较短,熔管内壁没有烧焦的痕迹,也没有大量的熔体蒸发物附在管壁上。变截面 熔体在小截面倾斜处熔断,是因为过负荷引起。反之,熔丝爆熔或熔断部位很长,变截面 熔体大截面部位被熔化,一般为短路引起。

    ③更换熔体时,必须将电源断开,防止触电。更换熔体的规格应和原来的相同,安装熔 丝时,不要把它碰伤,也不要拧得太紧,把熔丝轧伤。

    2)浪涌保护器

    浪涌保护器(见图1-2-24)的作用是把窜入电力线、信号传输线的瞬时过电压限制在设 备或系统所能承受的电压范围内,或将强大的雷电流泄流入地,使被保护的设备或系统不 受冲击而损坏。

    浪涌保护器的类型和结构按不同的用途有所不同,但它至少应包含一个非线性电压限 制元件。用于浪涌保护器的基本元器件有放电间隙、充气放电管、压敏电阻、抑制二极管 和扼流线圈等。如图1-2-25所示是浪涌保护器的电气符号。

SPD

图1-2-24 浪涌保护器   图1-2-25 浪涌保护器电气符号

3. 万用表的使用

    万用表是万用电表的简称。它是电子制作中一个必不可少的工具。万用表能测量电 流、电压、电阻,有的还可以测量三极管的放大倍数、频率、电容容量大小、逻辑电位、分贝 值等。万用表有很多种,现在较流行的有机械指针式的和数字式的万用表。它们各有其优 缺点,对电子初学者,建议使用指针式万用表,因为它对熟悉一些电子知识原理很有帮 助。指针式万用表如图1-2-26所示。

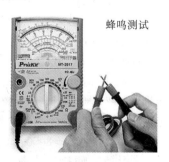

蜂鸣测试

图1-2-26 指针式万用表

    下面先介绍一下机械指针式万用表的测量原理使用等内容。

1）万用表的基本工作原理

此类万用表的基本原理是利用一只灵敏的磁电式直流电流表（微安表）做表头。当微小电流通过表头，就会有电流指示。但表头不能通过大电流，所以，必须在表头上并联与串联一些电阻进行分流或降压，从而测出电路中的电流、电压和电阻。下面分别介绍。

（1）测直流电流原理。

如图1-2-27（a）所示，在表头上并联一个适当的电阻（分流电阻）进行分流，就可以扩展电流量程。改变分流电阻的阻值，就能改变电流测量范围。

（2）测直流电压原理。

如图1-2-27（b）所示，在表头上串联一个适当的电阻（倍增电阻）进行降压，就可以扩展电压量程。改变倍增电阻的阻值，就能改变电压的测量范围。

（3）测交流电压原理。

如图1-2-27（c）所示，因为表头是直流表，所以测量交流时，需加装一个并、串式半波整流电路，将交流进行整流变成直流后再通过表头，这样就可以根据直流电的大小来测量交流电压。扩展交流电压量程的方法与直流电压量程相似。

（4）测电阻原理。

如图1-2-27（d）所示，在表头上并联和串联适当的电阻，同时串接一节电池，使电流通过被测电阻，根据电流的大小，就可测量出电阻值。改变分流电阻的阻值，就能改变电阻的量程。

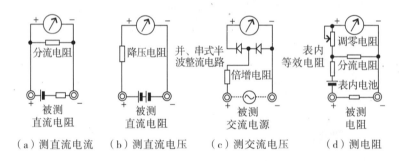

图1-2-27 万用表测量原理

2）指针万用表的使用

万用表的表盘如图1-2-28所示。通过转换开关的旋钮来改变测量项目和测量量程。机械调零旋钮用来保持指针在静止处在左零位。"Ω"调零旋钮是用来测量电阻时使指针对准右零位，以保证测量数值准确。

3）万用表的测量范围

（1）直流电压：分5挡—0～6 V，0～30 V，0～150 V，0～300 V，0～600 V。

（2）交流电压：分5挡—0～6 V，0～30 V，0～150 V，0～300 V，0～600 V。

（3）直流电流：分3挡—0～3 mA，0～30 mA，0～300 mA。

（4）电阻：分5挡—R×1，R×10，R×100，R×1K，R×10K。

测量电阻：先将表棒搭在一起短接，使指针向右偏转，随即调整"Ω"调零旋钮，使指针恰好指到0。然后将两根表棒分别接触被测电阻（或电路）两端，读出指针在欧姆刻度线（第一条线）上的读数，再乘以该挡标的数字，就是所测电阻的阻值。例如用R×100挡测量电阻，指针指在80，则所测得的电阻值为80×100＝8000。由于"Ω"刻度线左部读数较密，难以看准，所以测量时应选择适当的欧姆挡。使指针在刻度线的中部或右部，这样读数比较准确。每次换挡，都应重新将两根表棒短接，重新调整指针到零位，才能测准。

测量电阻如图1-2-29所示。

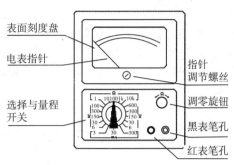

图 1-2-28 万用表的表盘

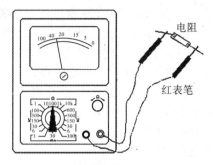

图 1-2-29 测量电阻

测量直流电压如图 1-2-30 所示。首先估计一下被测电压的大小,然后将转换开关拨至适当的 V 量程,将正表棒接被测电压"+"端,负表棒接被测量电压"-"端。接着根据该挡量程数字与标直流符号"DC-"刻度线(第二条线)上的指针所指数字,来读出被测电压的大小。如用 V300 伏挡测量,可以直接读 0~300 的指示数值。如用 V30 伏挡测量,只需将刻度线上 300 这个数字去掉一个"0",看成是 30,依次把 200、100 等数字看成是 20、10 即可直接读出指针指示数值。例如用 V6 伏挡测量直流电压,指针指在 15,则所测得电压为 1.5 伏。

测量直流电流:先估计一下被测电流的大小,然后将转换开关拨至合适的 mA 量程,再把万用表串接在电路中,如图 1-2-31 所示。同时观察标有直流符号"DC"的刻度线,如电流量程选在 3 mA 挡。这时,应把表面刻度线上 300 的数字,去掉两个"0",看成 3,依次把 200、100 看成是 2、1,这样就可以读出被测电流数值。例如用直流 3 mA 挡测量直流电流,指针在 100,则电流为 1 mA。

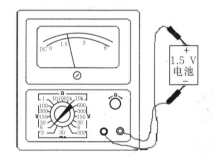

图 1-2-30 测量直流电压

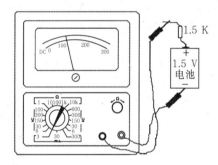

图 1-2-31 测量直流电流

测交流电压的方法与测量直流电压相似,所不同的是因交流电没有正、负之分,所以测量交流时,表棒也就不需分正、负。读数方法与上述的测量直流电压的读法一样,只是数字应看标有交流符号"AC"的刻度线上的指针位置。

4)使用万用表注意事项

万用表是比较精密的仪器,如果使用不当,不仅造成测量不准确,而且极易损坏。但是,只要掌握万用表的使用方法和注意事项,谨慎从事,那么万用表就能经久耐用。使用万用表时应注意如下事项。

(1)测量电流与电压不能旋错挡位。如果误用电阻挡或电流挡去测电压,就极易烧坏电表。万用表不用时,最好将挡位旋至交流电压最高挡,避免因使用不当而损坏。

(2)测量直流电压和直流电流时,注意"+""-"极性,不要接错。如发现指针反转,应立即调换表棒,以免损坏指针及表头。

(3)如果不知道被测电压或电流的大小,应先用最高挡,再选用合适的挡位来测试,以免表针偏转过度而损坏表头。所选用的挡位越靠近被测值,测量的数值就越准确。

(4)测量电阻时,不要用手触及元件的裸露的两端(或两支表棒的金属部分),以免人体电阻与被测电阻并联,使测量结果不准确。

(5)测量电阻时,如将两支表棒短接,调"零欧姆"旋钮至最大,指针仍然达不到0点,这种现象通常是由于表内电池电压不足造成的,应换上新电池方能准确测量。

(6)万用表不用时,不要旋在电阻挡,因为内有电池,如不小心易使两根表棒相碰短路,不仅耗费电池电量,而且严重时甚至会损坏表头。

5)数字式万用表的使用方法

(1)使用万用表前应认真阅读有关的使用说明书,熟悉电源开关、量程开关、插孔、特殊插孔的作用。

(2)开机时,应先打开万用表的电源开关(电源开关置于"ON"位置),再将量程转换开关置于电阻挡,对万用表进行使用前的检查:将两表笔短接,显示屏应显示"0.00";将两表笔开路,显示屏应显示"1"。以上两个显示都正常时,表明该表可以正确使用,否则将不能使用。

注意:如果量程转换开关置于其他挡,两表笔开路时,显示屏将显示"0.00"。

(3)检测前应估计被检测的大小范围,尽可能选用接近满度的量程。这样可提高检测精度。如果预先不能估计被检测值的大小,可从最高量程挡开始测,逐渐减小到合适的量程位置。

(4)当检测结果只显示"1",其他位均消失时,表明被测值超出所在挡范围,应选择更高一挡量程。

注意:严禁使用直流挡位测量交流电压,如错误使用数字万用表立马损坏。

(5)数字式万用表在刚检测时,显示屏的数值会有跳数现象,属于正常现象。应当待显示数值稳定后,才能读数。不能以最初跳动变化中的某一数值,当作检测值读取。

(6)使用结束后,对于没有自动关机功能的万用表应将电源开关拨至"OFF"(关闭)状态。长期不用,应取出电池。

数字式万用表如图1-2-32所示。

图1-2-32 数字式万用表

1—型号栏;2—液晶显示屏:显示仪表测量的数值;3—背光灯/自动关机开关及数据保持键;4—发光二极管:能耗检测时报警用;5—按钮开关:用于改变测量功耗、量程以及控制开关钮;6—20 A电流测试插座;7—20 mA电流测试插座;8—三极管测试座:测试三极管输入口;9—电压、电阻、二极管"+"极插座;10—电容、温度、"-"极插座

6)数字式万用表常用的检测方法

（1）用数字式万用表测量电阻。

将万用表开关转到电阻（Ω）挡的适当位置并校零后，即可测量电阻值。测试前应将被测电路的电源切断，然后将表笔接至被测电阻两端。检测时应注意以下两点。① 不要用手触及元件裸露的两端（两支表笔的金属部分），以免人体电阻与被测电阻并联，使测量结果不准确。② 如果两笔短接、"Ω"调零旋钮旋至最大，指针仍达不到0位，这种现象常是由于表内电池电量不足或万用表损坏。

数字式万用表测电阻如图1-2-33所示。

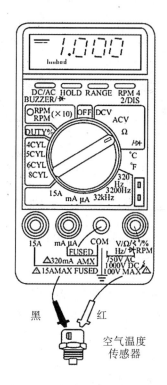

图 1-2-33 数字式万用表测电阻

（2）用数字式万用表测量直流电压。

将万用表开关转到直流电压（V）挡（选择合适的量程），将表笔并联于被测电路中（将测试表笔接至被测件两端）即可测量。用测电压的方法可以检查电路上各点的电压（信号电压或电源电压）以及电气部件上的电压降。测直流电压时，要分清表笔正极与负极；测量交流电压时，无正、负极之分。

注意：若转换开关在电流测试挡，千万不能将万用表与电路并联，因为电流挡电阻小，错接会使测试电路超负荷而损坏仪表。

数字式万用表测直流电压如图1-2-34所示。

（3）用数字式万用表测试直流电流。

将万用表串联于被测电路中，其红色（+）表笔接电流输入端、黑色（-）表笔接输出端，注意不能反接。将转换开关转到电流挡，并选择测试量程，为避免万用表超负荷，可选稍大点的量程，但不能使量程过大，一般应使测试值达到全量程的1/2～3/4，以减小测试误差。

数字式万用表测直流电流如图1-2-35所示。

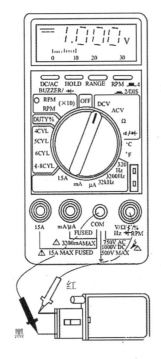

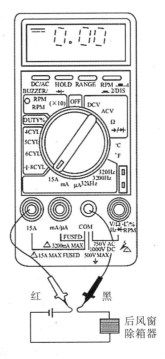

图1-2-34 数字式万用表测直流电压　　　　图1-2-35 数字式万用表测直流电流

7）指针表和数字表的选用

（1）指针表读取精度较差，但指针摆动的过程比较直观，其摆动速度幅度有时也能比较客观地反映被测量的大小（比如测电视机数据总线SDL在传送数据时的轻微抖动）；数字表读数直观，但数字变化的过程看起来很杂乱，不太容易查看。

（2）指针表内一般有两块电池，一块低电压的1.5 V，一块是高电压的9 V或15 V，其黑表笔相对于红表笔来说是正端。数字表则常用一块6 V或9 V的电池。在电阻挡，指针表的表笔输出电流相对于数字表来说要大很多，用R×1 Ω挡可以使扬声器发出响亮的"哒"声，用R×10 k Ω挡甚至可以点亮发光二极管（LED）。

（3）在电压挡，指针表内阻相对于数字表来说比较小，测量精度相对较差。某些高电压微电流的场合甚至无法测准，因为其内阻会对被测电路造成影响（比如在测电视机显像管的加速级电压时测量值会比实际值低很多）。数字表电压挡的内阻很大，至少在兆欧级，对被测电路影响很小。但极高的输出阻抗使其易受感应电压的影响，在一些电磁干扰比较强的场合测出的数据可能不准确。

4. 全自动模拟生产线直流供电应用实例

全自动生产线模拟控制系统主要分为以下几个部分：主控电柜、机器人本体、搬运码垛模组、视觉跟踪模组、机床上下料模组、远程操作台、安全门等。其中安全门包括安全光栅、安全围栏、安全门。全自动模拟生产线从电源分配箱中引入电源，经过总断路器后通过分配断路器给机器人、机床、总控制柜和其他分模组设备。图1-2-36为工业机器人模拟生产线（全自动模拟生产线）系统配电的电气原理图，为了整个系统用电安全，使用安全直流电控制交流电的方法。

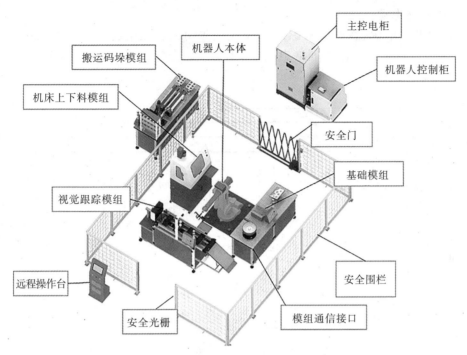

图 1-2-36 全自动模拟生产线系统配电的电气原理图

搭建全自动模拟生产线直流供电系统的操作如下。

（1）选择供电设备。

全自动模拟生产线的直流电源来源于 24 V 开关电源，开关电源的功率为 100 W。为了控制开关电源的进线电源配置了 2 极的低压断路器，根据负载的功率和公式计算出低压断路器控制所需的最大电流 $I = 100/220 = 0.45$ A，由于使用在控制回路可以选择 C 型曲线的低压短路，根据低压断路器的选型表可知最低额定电流为 1 A，因此选择 1 A 的 2 极 C 型低压断路器即可。为了避免直流电短路引起的故障造成开关电源损坏，在开关电源的出线侧增加熔断器，根据开关电源的转换的最大效率为 80% 计算，直流输出功率为 80 W，由公式算出直流侧低压熔断器控制所需的最大电流为 3.3 A，为了方便安装选择圆筒形帽熔断器加熔断器底座的 DIN 导轨安装模式，根据熔断器的选型表选择熔断器即可，表 1-2-1 为德力西圆筒形帽的选型表，根据表可以选择 RT14-4：4 A 的低压熔断器。

表 1-2-1　德力西圆筒形帽熔断器选型表（RT18 圆筒形帽熔断器）

产品名称	外形尺寸	类型	额定电流	
RT14：RT14 型	M1038：10×38	T：熔断体	2：2 A	25：25 A
			4：4 A	32：32 A
RT18：RT18 型	M1451：14×51		6：6 A	40：40 A
			8：8 A	50：50 A
RT1418：RT14、RT18 型	M2258：22×58		10：10 A	63：63 A
			12：12 A	80：80 A
			16：16 A	100：100 A
			20：20 A	125：125 A

（2）获得单相交流电。

从三相交流电中取任意一项相线组成火线，与交流供电系统零线形成单相电；获得单相交流电后将火线接入开关电源的 L 接线端子处，零线接入开关电源 N 接线端子处。

（3）分配直流电源。

为了保护开关电源，在开关电源的24 V正极先串入低压熔断器，如图1-2-37中的F2；所有的直流供电设备如直流中间继电器、指示灯、西门子1200PLC、触摸屏的供电等，正极均从熔断器引出，负极回归开关电源负极。

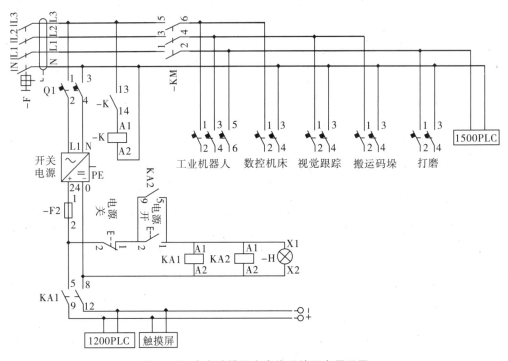

图1-2-37 全自动模拟生产线系统配电原理图

三、任务实施

1. 任务说明

本任务要求搭建一个直流供电系统，供电系统负载为10 W的直流警示灯。负载也可选用其他直流供电设备，如24 V指示灯。

5 W直流警示灯如图1-2-38所示。

图1-2-38 5 W直流警示灯

2. 任务实施步骤

（1）参考全自动模拟生产线直流供电应用实例,绘出直流供电系统的走线示意图。

（2）选择合适的电气设备。

①参考本任务中全自动模拟生产线直流供电应用实例的相关描述,选择合适类型的低压断路器、低压熔断器,由于负载只有10 W,选择10 W以上的开关电源即可。②参考本任务中全自动模拟生产线直流供电应用实例,并根据公式计算出所需的低压断路器的最小电流;选择微型断路器还需要指明微型断路器的极数、脱扣曲线类型;选择低压断路器的品牌,根据厂家所提供的低压断路器技术参数表,选择合适型号的低压断路器。③参考本任务中全自动模拟生产线直流供电应用实例,并根据公式计算出开关电源直流侧所需的低压熔断器的最小电流;选择低压熔断器的品牌,根据厂家所提供的低压熔断器技术参数表,选择合适型号的低压熔断器。并按表1-2-2的要求填写。

表1-2-2　工业机器人交流配电系统配电选型配置表

电器名称	数量	计算电流	电器品牌或类型	额定电流	电器型号规格
开关电源	1个	0.41 A	施耐德	1.5 A	DC24 V、35 W、ABL2REM-24015H
低压断路器			正泰微型断路器		
低压熔断器			正泰圆筒形帽		

（3）搭建配电系统。

①选择合适的电器安装工具,安装并固定好低压断路器。②选择合适的电器接线工具,获取单相电源,搭建配电回路。③合闸前设备状态测试,送电测试系统并给系统送电,检查开关电源能否正常工作。

3. 任务目标

1）设备状态测试

（1）熔芯测试:系统搭建好后,通过万用表测试熔断器熔芯的好坏。测试方法:将万用表打到通断测试挡,将红黑表笔分别放置在熔芯的两端,如听到"滴"的声音则证明熔芯是好的,反之则是坏的。

（2）直流系统短路测试:将万用表打到通断测试挡,将红、黑表笔分别放置在开关电源正极和负极的接线端子处,听不到"滴"的声音并且显示有数字阻值则证明系统没有短路的故障,反之则有短路故障,需要查找设备接线问题。

2）合闸前测试

低压断路器合闸测试前使用试电笔测试低压断路器进线侧有无交流电压(试电笔氖管发亮);若有则使用万用表交流750 V挡测量低压断路器出线侧电压是否为交流220～240 V,如果是在范围内则可以合闸低压断路器,反之则需要检查单相电源获取是否有问题。

3）合闸后测试

低压断路器合闸后可以立马看到开关电源指示灯亮,如果没有亮则需要检查线路有无问题,并使用万用表测量低压断路器出线侧电压是否为交流220～240 V,如果均没有问题则证明开关电源已坏。

4）直流配电系统检验

合闸后开关电源指示灯正常点亮,使用万用表测量开关电源输出电压。具体的测量方法如下:将万用表打到直流DC200 V挡位,将红、黑表笔分别放置在开关电源正极和负极的接线端子处,如果万用表显示为24 V左右则证明直流电源供电正确,此任务目标完成。

四、任务拓展

1. 低压熔断器常见故障分析

低压熔断器常见故障分析如表1-2-3所示。

表1-2-3 低压熔断器常见故障分析

故障现象	可能原因	排除方法
电动机启动瞬间熔体便熔断	①熔体电流等级选择太小， ②电动机侧有短路或接地， ③熔体安装时受到机械损伤	①更换合适的熔体， ②排除短路或接地故障， ③更换熔体
熔体未断但电路不通	①熔体或接线端接触不良， ②紧固螺钉松动	①旋紧熔体或接线， ②旋紧螺钉或螺帽

2. 思考与练习

（1）如何更换螺旋式低压熔断器、圆筒形帽低压熔断器、插入式低压熔断器、无填料管式低压熔断器、有填料管式低压熔断器的熔芯？

（2）万用表测量完交流电压后再测量直流电压应该怎么做？直流电压和交流电压电压极性有什么区别？

◀ 任务3 工业机器人电源监控系统应用 ▶

一、任务描述

工业生产过程中,电气设备众多且用电量较大,监控电源的电压和电流稳定,对设备的用电安全意义重大;同时通过对电压和电流的监控,可以随时掌握设备运行的情况,减小经济损失;例如某工厂物料提升机电流平时正常运行电流为230 A,某次电流突然增加到270 A,经检测发现物料提升机有轻微的卡料现象,随后及时处理该问题避免出现更大的设备事故。另外利用电能表监控用电情况,对工厂能效管理非常重要的意义。三相电流监测如图1-3-1所示。

本任务的要求有:①根据提供电源监控的实物接线图,列出电源监控所需的电气元件,并绘制出设备元件表;②掌握电源监控实物接线图的工作原理,绘制出符合要求的电气原理图。

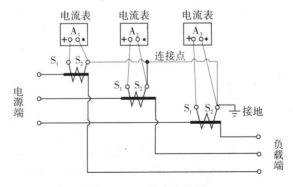

图1-3-1 三相电流监测

二、相关知识

1. 电源开关

1）刀开关

刀开关（见图1-3-2）是手动电器中结构最简单的一种，被广泛应用于各种配电设备和供电线路，一般用于接通不频繁和分断容量不太大的低压供电线路，也可作为电源隔离开关。在农村和小型工厂，还经常用来直接启动小容量的鼠笼型异步电动机。

图1-3-2 刀开关

（1）刀开关的结构原理及电气符号。

刀开关由手柄、触刀、静插座、铰链支座和绝缘底板组成，如图1-3-3所示。推动手柄使触刀绕铰链支座转动，就可将触刀插入静插座内，电路就被接通。若使触刀绕铰链支座反向转动，脱离插座，电路就被切断。为了保证触刀和插座合闸时接触良好，它们之间必须具有一定的接触压力。为此，额定电流较小的刀开关插座多用硬紫铜制成，利用材料的弹性来产生所需压力；额定电流大的刀开关还要通过在插座两侧加弹簧片来增加压力。

刀开关在分断有负载的电路时，其触刀与插座之间会产生电弧。为此采用速断刀刃的结构，使触刀迅速拉开，加快分断速度，保护触刀不被电弧所灼伤。对大电流刀开关，为防止各极之间发生电弧闪烁，导致电源相间短路，刀开关各极间设有绝缘隔板，有的设灭弧罩。为保护操作人员，也为了方便操作，大电流刀开关除了中央手柄直接操作外，还有杠杆操作。图1-3-4所示为三极刀开关的电气符号。

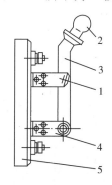

图1-3-3 刀开关结构

1—静插座；2—手柄；3—触刀；

4—铰链支座；5—绝缘底板

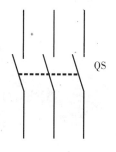

图1-3-4 三极刀开关电气符号

（2）刀开关的选用及安装。

结构形式的选择：应根据刀开关的作用和装置的安装形式来选择是否带灭弧装置，若分断负载电流时，应选择带灭弧装置的刀开关。根据装置的安装形式来选择，是正面、背面操作形式还是侧面操作形式？是直接操作还是杠杆传动？是板前接线还是板后接线的结构形式？

额定电流的注意事项如下。一般应等于或大于所分断电路中各个负载额定电流的总和。对于电动机负载,应考虑其启动电流,所以应选用额定电流大一级的刀开关。若再考虑电路出现的短路电流,还应选用额定电流更大一级的刀开关。

刀开关安装的注意事项如下。①电源进线应装在静插座上,而负荷应接在动触点一边的出线端。这样,当开关断开时,闸刀和熔丝上不带电。②刀闸在合闸状态时,手柄应向上,不可倒装或平装,以防误操作合闸。③负荷较大时,为防止出现闸刀本体相间短路,可与熔断器配合使用。

2)隔离开关

隔离开关是一种断开无负荷电流的电路的开关,使检修的设备与电源出现明显的断开点,从而保证检修人员的人身安全,隔离开关没有专门灭弧的装置,因此不能切断负荷电流以及短路电流,必须在电路断路器断开的情况下才可以进行隔离开关的操作。通常在进行送电操作时,首先合隔离开关,之后合断路器和负荷类的开关;进行断电操作时,首先断开断路器和负荷类开关,之后断开隔离开关。

三极微型隔离开关如图1-3-5所示。

隔离开关的使用注意事项如下。

(1)当与断路器、接地开关配合使用,以及隔离关本身带有接地刀闸时,必须安装机械或电气联锁装置,以保证正确的操作顺序,亦即只有在断路器切断电流之后,隔离开关才能分闸;只有在隔离开关合闸之后,断路器才能合闸。配有接地刀闸的隔离开关,在主刀闸未分断前,接地刀闸不得合闸;同样,在接地刀闸未分闸之前,主刀闸也不得合闸。

(2)其接地线应使用不小于50 mm^2的铜绞线或接地螺栓连接,以保证可靠接地。

(3)在开关的摩擦部位上应涂电力脂加强润滑。

(4)在运行前检查开关的同步性和接触状况。

(5)隔离开关的分闸指示信号,应在主刀闸开度达到80%的断开距离后发出;而合闸指示信号则应在主刀闸已可靠接触后才发出。

隔离开关电气符号如图1-3-6所示。

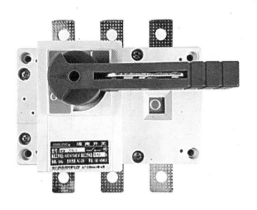

图1-3-5 三极微型隔离开关

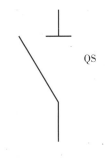

图1-3-6 隔离开关电气符号

3)低压负荷开关

负荷开关是由熔断器和隔离开关组合而成的,由隔离开关断开正常运行电流,由熔断器开断回路故障电流,所以负荷开关对于电机有一定的保护作用。但是应当在负荷开关后面加上接触器,以作为电机回路的操作元件和过负荷及过流保护元件。不应当只是用负荷开关来操作回路,因为负荷开关不是允许频繁操作的元件,对电机的保护也不全。

低压负荷开关及其分体组成如图1-3-7所示。

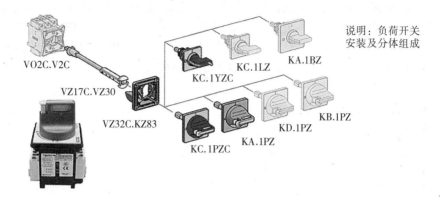

说明：负荷开关安装及分体组成

VO2C.V2C
VZ17C.VZ30
VZ32C.KZ83
KC.1YZC
KC.1LZ
KA.1BZ
KC.1PZC
KA.1PZ
KD.1PZ
KB.1PZ

图1-3-7 低压负荷开关及其分体组成

低压负荷开关可分为开启式负荷开关和封闭式负荷开关。开启式负荷开关（俗称胶盖开关、胶盖闸刀）主要用于额定电压在380 V以下，电流在60 A以下的交流电路，做一般照明、电热器类等回路的控制开关、不频繁地带负荷操作和短路保护用。封闭式负荷开关（又称铁壳开关）用于额定电压在500 V以下，额定电流在200 A以下的电气装置和配电设备中做不频繁的操作和短路保护，也可做异步电动机的不频繁的直接启动及分断用。封闭式负荷开关还具有外壳门机械闭锁功能，开关在合闸状态时，外壳门不能打开。

负荷开关电气符号如图1-3-8所示。

Q

图1-3-8 负荷开关电气符号

2. 电源测量

1）电流表和电压表

在电气线路中，电路、电压是最基本的量。电路有直流和交流之分，因此电流和电压也有直流电流、交流电流和直流电压、交流电压之分。专门用于测量电流的仪表称电流表，专门用于测量电压的仪表称电压表。

指针式电压表和电流表如图1-3-9所示。

（a）电压表　　　　　（b）电流表

图1-3-9 指针式电压表和电流表

测量电流和电压应注意的问题如下。①电流表必须与用电设备串联,电压表必须与用电设备并联。②根据被测量的大小,选择合适的量程。量程太大,测量不准确;量程太小,容易烧坏仪表。如果测量大小不能估计,可先选择最大量程,然后根据指针偏转的情况,适当调整至合适的量程测量。③对直流的测量要注意仪表的极性,测量直流电流,接线应使电流从表的正极流进,负极流出;测量直流电压,应使表的正极接高电位端,负极接低电位端。

电压表和电流表的电气符号如图1-3-10所示。

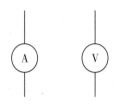

图1-3-10 电压表和电流表的电气符号

(1)经过一个电流互感器测量单相电流的电路。

在交流电路中,如果被测电流较大,或者被测量电路的电压较高,都可以使用电流互感器和量程为5 A的交流电流表测量电流。这是为了扩大电流表量程,也比较安全。电路的接线如图1-3-11所示。①平常使用交流电流表的测量电路,直接串联负载进行测量。②需要用到电流互感器时的电流测量电路图。

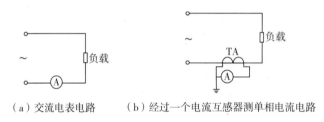

(a)交流电表电路　　(b)经过一个电流互感器测单相电流电路

图1-3-11 电路接线

使用电流互感器测量时应注意如下情况。①互感器二次侧不允许开路,因此,二次侧不能安装熔断器和串联开关。②为了安全,二次绕组的一端必须可靠接地。

(2)用两三个电流互感器串交流电表测量三相电流电路。

在三相三线制交流电路中,用两只电流互感器和三块交流电流表,测量三相电流,可以节省一只电流互感器。其电路如图1-3-12(a)所示。有时在三相交流电路中,测量三相交流电也用三只电流互感器和三块交流电表,如图1-3-12(b)所示。

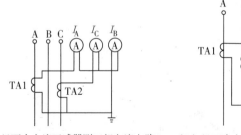

(a)经两个电流互感器测三相电流电路　　(b)经三个电流互感器测三相电流电路

图1-3-12 交流电表串接电路互感器测量三相电流电路

2）电能表

电能表是用来测量电能的仪表，又称电度表，是计量负载消耗的或电源发出电能的仪表。电能表分为单相电能表和三相四线电能表。

单相电能表及其电气符号如图1-3-13所示。

（a）电能表实物图　　　　（b）电能表电气符号

图1-3-13 单相电能表及其电气符号

（1）单相电能表直接接入式。单相电能表直接接入法如图1-3-14所示。

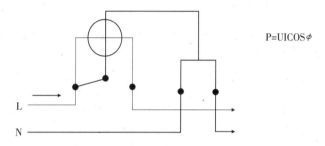

$P=UICOS\phi$

图1-3-14 单相电能表直接接入法

（2）直接接入三相四线电能表的接线。三相电能表直接接入法如图1-3-15所示。

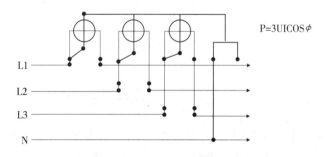

$P=3UICOS\phi$

图1-3-15 三相电能表直接接入法

（3）带电流互感器的三相四线电能表的接线。带电流互感器电能表接入如图1-3-16所示。

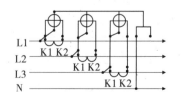 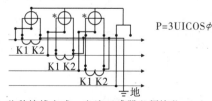

$P=3UICOS\phi$

（a）此种接线方式，电流互感器绝不能接地　（b）此种接线方式，电流互感器必须接地

图1-3-16 带电流互感器电能表接入

3）电流互感器

把大电流按规定比例转换为小电流的电气设备,称为电流互感器(见图1-3-17)。电流互感器有两个绝缘的线圈,套在一个闭合的铁芯,电流互感器的一次线圈匝数较少,二次线圈的匝数较多。

（1）电流互感器的工作原理。

当一次线圈通过电流时,铁芯中产生交变磁通,此交变磁通在二次闭合回路中感应出电势、电流。电流互感器二次额定电流固定分为5 A或1 A。

电流互感器工作原理图如图1-3-18所示。

图1-3-17 电流互感器

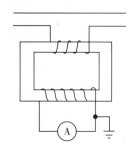

图1-3-18 电流互感器工作原理图

（2）电流互感器电气符号。

电流互感器电气符号如图1-3-19所示。

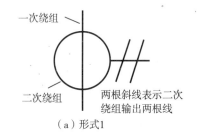

（a）形式1

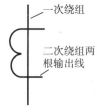

（b）形式2

说明：形式1和形式2均可，电气符号的绘制不需要标明一次绕组和二次绕组等

图1-3-19 电流互感器电气符号

3. 电气制图

电气图用来阐述电气工作原理,描述电气产品的构成和功能,并提供产品装接和使用方法的图形。

电气图表达形式如下。①图样是利用投影关系绘制的图形,如机械产品图形。②简图是用规定的图形符号、带注释的围框或简化外形表示设备中各组成部分之间相互关系及其连接关系的一种示意性图形,如电路图、接线图、框图等。③表格是将有关数据按纵横排列的一种表达形式。它可用来说明系统、成套装置或设备中各组成部分的相互关系或连接关系,也可用来提供工作参数,如接线表等。电气设备元件表如表1-3-1所示。

表1-3-1 电气设备元件表

序号	符号	名称	型号	规格	单位	数量	备注
1	M	异步电动机	Y	380 V,150 W	台	1	
2	KM	交流接触器	CJ10	300 V,40 A	个	1	

序号	符号	名称	型号	规格	单位	数量	备注
3	FU1	熔断器	RC1	250 V，1 A	个	1	配熔丝 1 A
4	FU2	熔断器	RT0	380 V，40 A	个	3	配熔丝 30 A
5	R	热继电器	JR3	40 A	个	1	整定值 25 A
6	S1-S2	按钮	LA2	250 V，3 A	个	2	一常开触点、一常闭触点

电气工程图用来阐述电气工程的构成和功能,描述电气装置的工作原理,提供安装和维护使用信息。对任何一个工程图,最核心的是电气原理图,其表明电气设备的工作原理及各电器元件的作用和相互之间的关系。电气工程图纸如表 1-3-2 所示。

表 1-3-2　电气工程图纸

序号	图名	说明
1	图纸总目录	
2	技术说明	
3	电气设备平面布置图	供电组合、拼柜
4	电气系统图	
5	电气原理图	A.电气控制柜(箱)外形尺寸图
		B.电气原理图
		C.电气元件布板图
		D.接线端子排图
		E.设备接线图(或接线电缆表)
		F.电气元件清单(单台明细表)
6	电气设备使用说明书	

1)电气制图的基本知识

(1)电气制图的一般规则。

①图纸幅面。选择图纸幅面时考虑的因素:a.所设计对象的规模和复杂程度;b.由简图种类所确定的资料的详细程度;c.尽量选用较小幅面,一般选择 A4 和 A3 纸;d.便于图纸的装订和管理。

②图幅分区。a.分区目的:在各种幅面的图纸上均可分区,以便确定图上的内容、补充、更改和组成部分的位置。b.分区的方法:每个分区内竖边方向用大写拉丁字母,横边方向用阿拉伯数字分别编号。编号的顺序从标题栏相对的左上角开始。c.分区要求:分区数应该是偶数,每一分区的长度不小于 25 mm,不大于 75 mm。d.分区表示方法:分区代号用该区域的字母和数字组合表示,如 A4、C3 等。图幅分区如图 1-3-20 所示。

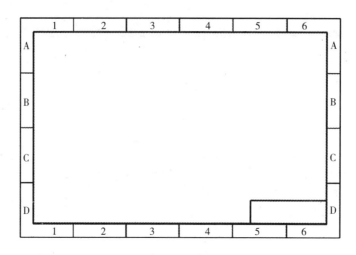

图 1-3-20 图幅分区

③图线形式应用分析如表 1-3-3 所示。

表 1-3-3 图线形式应用分析

图线名称	图线形式	一般应用
实线	——————	基本线,简图主要内容用线,可见轮廓线,可见导线
虚线	- - - - - - - -	辅助线、屏蔽线、机械连接线、不可见轮廓线、不可见导线、计划扩展内容用线
点划线	—·—·—·	分界线、结构围框线、功能围框线、分组图框线
双点划线	—··—··—	辅助围框线

④箭头形式及其使用对象。箭头使用分析如表 1-3-4 所示。

表 1-3-4 箭头使用分析

箭头类型	开口	实心
箭头图形	———➤	———➤
使用对象	信号线,连接线	指引线

⑤指引线。指引线使用说明如表 1-3-5 所示。

表 1-3-5 指引线使用说明

末端位置	围框线内	围框线上	电路线上
标记形式	黑点	箭头	短斜线
图示			4 mm² / 2.5 mm²

（2）简图的布局与规定。

布局与规定如下：①布局合理、排列均匀、图面清晰、便于看图；②表示导线、信号通路、连接线等的图线都应是交叉和折弯最少的直线，可以水平地布置或垂直布置；③相应的元件对称布局时，可以采用斜的交叉线。

制图布局与规定实例图如图1-3-21所示。

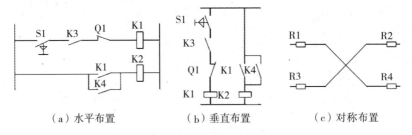

（a）水平布置　　　　　（b）垂直布置　　　　　（c）对称布置

图1-3-21 制图布局与规定实例图

一般情况下，布局顺序和信号流方向应该是从左到右和从上到下，反方向时应该在信号线上画开口箭头。布局顺序规定实例图如图1-3-22所示。

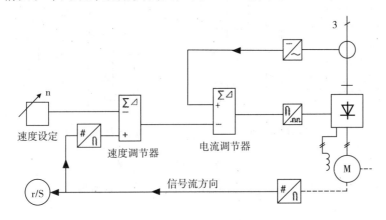

图1-3-22 布局顺序规定实例图

（3）连接线的规定。连接线的规定说明如表1-3-6所示。

表1-3-6 连接线的规定说明

项目		内容
线形区分	实线	用于连接线
	虚线	用于表示计划扩展的内容
方向改变		一条连接线不应在与另一条线交叉处改变方向，也不应穿过其他连接线的连接点
导线粗细		为突出或区分某些电路、功能等，导线符号、信号通路、连接线等可采用不同粗细的图线表示
识别标记		识别标记标注在靠近单根的或成组的连接线的上方，也可断开连接线标注
中断处理		（1）穿越图面的连接线较长或穿越稠密区域时，允许将连接线中断，在中断处加相应标记。 （2）连到另一张图上的连接线，应该中断，并在中断处注明图号、张次、图幅分区代号等标记
多条平行线连接		应按功能分组。不能按功能分组时，可以任意分组，每组不多于三条。组间距离应大于线间距离

①连接线规定——方向变化和导线粗细。接线方向变化如图1-3-23所示。

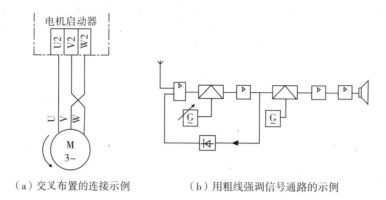

（a）交叉布置的连接示例　　　　（b）用粗线强调信号通路的示例

图1-3-23　接线方向变化

②连接线规定——识别标记和中断处理。接线标记和中断处理如图1-3-24所示。

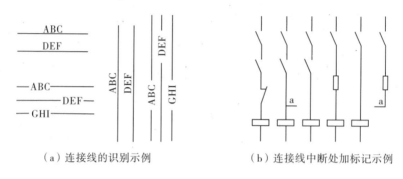

（a）连接线的识别示例　　　　（b）连接线中断处加标记示例

图1-3-24　接线标记和中断处理

③连接线规定——中断处理（连接到另外一张图）。连接到另外一张图处理如图1-3-25所示。

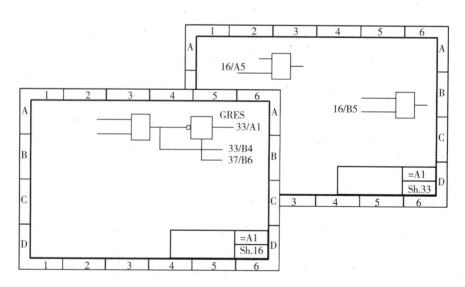

图1-3-25　连接到另外一张图处理

④连接线规定。连接线的规定如图1-3-26所示。

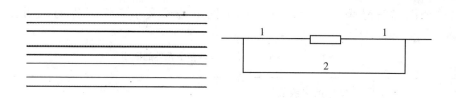

（a）多条平行线连接示例　　　　（b）可供选择的两种连接示例

图 1-3-26　连接线的规定

a.单线表示法及多线表示改单线表示。单线表示和多线表示如图 1-3-27 所示。

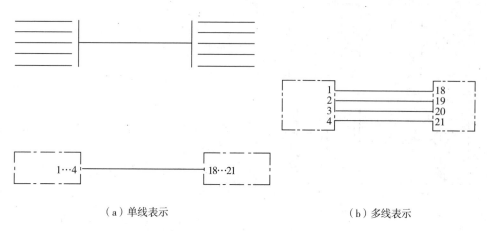

（a）单线表示　　　　　　　　　（b）多线表示

图 1-3-27　单线表示和多线表示

b.一组连接线中每根线两端处位置不同的表示及多根电缆简化表示。组成的简化表示如图 1-3-28 所示。

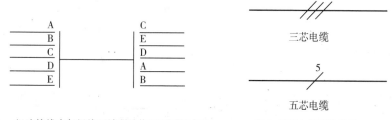

（a）一组连接线中每根线两端所处位置不同的表示　　　（b）多根电缆简化表示

图 1-3-28　组线的简化表示

c.单根导线汇入单线表示的一组连接线的示例,注意标记符号和斜线方向。单线汇入一组连接线的表示如图 1-3-29 所示。

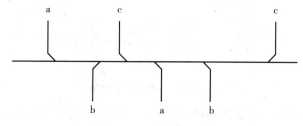

图 1-3-29　单线汇入一组连接线的表示

⑤用单个图形符号表示多个元件。单个图形符号表示多个元件的说明如表1-3-7所示。

表1-3-7 单个图形符号表示多个元件的说明

项目	示例	对应的多线表示	说明
1			一个手动三极开关
2			三个手动单极开关
3			三根导线,每根都带有一个电流互感器,共有四根二次引线引出
4			三根导线L1、L2、L3,其中两根各有一个电流互感器,共有三根二次引线引出

(4)围框的规定。

①当需要在图上显示出图的一部分所表示的功能单元、结构单元或项目组(如电器组、继电器装置)时,可以用点画线围框表示。为了图面清晰,围框的形状可以是不规则的。

不规则围框示例如图1-3-30所示。

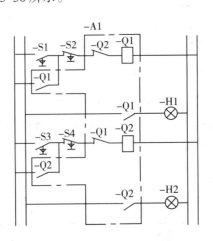

图1-3-30 不规则围框示例

②围框线不应与元件符号相交,但插座和端子符号除外。它们可以在围框线上,或恰好在单元围框线内,或者可以被省略。插座和端子符号在围框上的表示如图1-3-31所示。

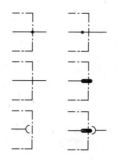

图 1-3-31 插座和端子符号在围框上的表示

③当用围框表示一个单元时,若在围框内给出了可查阅更详细资料的标记,则其内的电路可用简化形式表示;如果在表示一个单元的围框内的图上含有不属于该单元的元件符号,则必须对这些符号加双点画线的围框,并加注代号或注解。点画线围框与双点画线围框应用示例如图 1-3-32 所示。

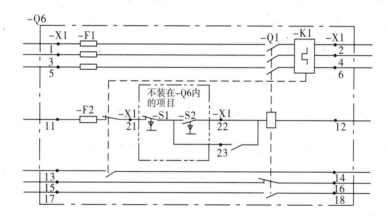

图 1-3-32 点画线围框与双点画线围框应用示例

(5)符号或元件在图上位置的表示方法。元件符号的位置表示说明如表 1-3-8 所示。

表 1-3-8 元件符号的位置表示说明

符号或元件位置	标记方法	符号或元件位置	标记方法
同一张图纸上的 B 行	B	图号为 4568 单张图的 B3 区	图 4568/B3
同一张图纸上的 3 列	3	图号为 4568 的第 34 张图上的 B3 区	图 4568/34/B3
同一张图纸上的 B3 区	B3	=S1 系统单张图上的 B3 区	=S1/B3
具有相同图号的第 34 张图的 B3 区	34/B3	=S1 系统多张图第 34 张的 B3 区	=S1/34/B3

2)电气图用图形符号

图形符号通常是指用于图样或其他文件中以表示一个设备或概念的图形、标记或字符。在电气图中,许多图形是采用有关的元器件图形符号绘制的。因此,图形符号是绘制和识读电气图的基础知识之一。

图形符号有四种基本形式:符号要素、一般符号、限定符号、方框符号,在电气图中,一般符号和限定符号较为常用。

(1)一般符号(见图 1-3-33)表示一类产品和此类产品特征的一种通常很简单的图形符号。一般符号不但从广义上代表了各类元器件,而且可以用来表示一般的、没有其他附加信息或功能的各类具体元器件。

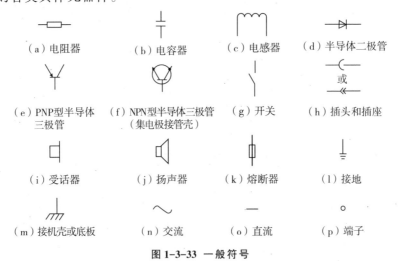

图 1-3-33 一般符号

（2）限定符号（见图1-3-34）用以提供附加信息的一种加在其他符号的图形符号，通常不能单独使用。限定符号与一般符号、方框符号进行组合可派生若干具有附加功能的元器件图形符号。

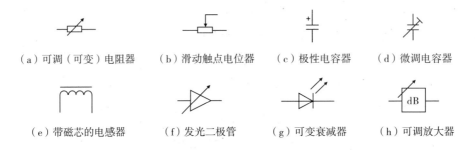

图 1-3-34 限定符号

（3）方框符号用以表示元件、设备等的组合及其功能，既不给出元件、设备的细节，也不考虑所有连接的一种简单的图形符号。方框符号通常在使用单线表示法的电气图中。

图形符号的组合示例如图1-3-35和图1-3-36所示。

符号术语	符号及其所表示的意义					
图形符号	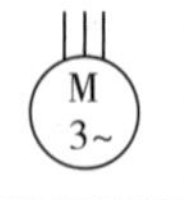 (M 3~)	 桥式	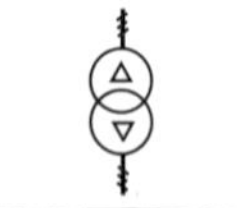 ⊘	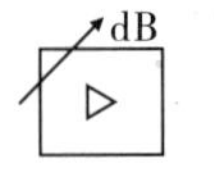 dB	 Isin?	 ⟦⟧
	三相鼠笼式异步电动机	桥式全波整流器	双绕组、三相三角形连接的变压器	自动增益控制放大器	无功电流表	磁铁接近时动作的接近开关
符号要素	 ○	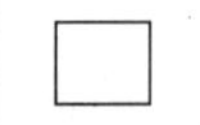 □	 ○	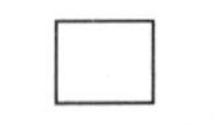 □	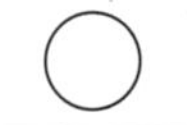 ○	□
	装置	功能单元	元件	功能单元	功能单元	功能单元

图 1-3-35 图形符号的组合示例1

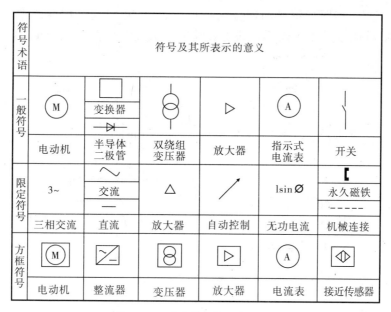

符号术语	符号及其所表示的意义					
一般符号	(M)	变换器		▷	(A)	
	电动机	半导体二极管	双绕组变压器	放大器	指示式电流表	开关
限定符号	3~	交流	△	/	lsin∅	永久磁铁
	三相交流	直流	放大器	自动控制	无功电流	机械连接
方框符号	(M)			▷	(A)	
	电动机	整流器	变压器	放大器	电流表	接近传感器

图 1-3-36 图形符号的组合示例 2

（4）电气图用图形符号的绘制。

为了使图形符号比较灵活地运用到各种电气图中去,在实际绘图中,图形符号可按实际情况以适当的尺寸进行绘制,并尽量使符号各部分之间的比例适当。图形符号应按功能,在未激励状态下按无电压、无外力作用的正常状态绘出。

3）电气技术中的项目代号

在电气图中,图形符号通常只能从广义上表示同一类产品以及它们的共同特征。它不能反映一个产品的具体意义,也不能提供该产品在整个设备中的层次关系及实际位置。图形符号与项目代号配合在一起,才会使所表示的对象具有本身的意义和确切的层次关系及实际位置。

（1）项目与项目代号。

在电气图中,通常把用一个图形符号表示的基本件、部件、组件、功能单元、设备、系统等称为项目。例如,一个图形符号所表示的某一个电阻器某一块集成电路、某一个继电器、某一台发电机、某一个电源单元等均为一个项目。

项目代号是用来识别图、图标、表格中和设备上的项目种类,并提供项目的层次关系、实际位置等信息的一种特定的文字符号。项目代号可以将图、图表、表格、说明书中的项目和设备中的该项目建立起相互联系的对应关系,为装配和维修提供极大的方便。

一个完整的项目代号其形式如下：＝（高层代号）+（位置代号）-（种类代号）:（端子代号）。

（2）项目代号的使用。

在一般的电子产品(如家电产品等)所使用的电路图、逻辑图、接线图等图中,经常在图形符号旁边标注种类代号,即采用项目种类字母代码后面加注数字的形式表示图中的具体项目。种类字母代码后面的数字是用来区别同类项目中的每一个具体项目,此数字按该项目在图中的位置自上而下、从左至右的顺序编排。

项目代号的使用实例如图 1-3-37 所示。

（3）项目代号的标注。

项目代号应靠近图形符号标注。当图形符号的连接线是水平布置时,项目代号一般标注在图形符号上方;当图形符号的连接线垂直布置时,项目代号应标注在图形符号左边。必要时,可在项目代号旁加注该项目的主要性能参数、型号等,如电阻值、电容量、电感量、耐压值、型号等,如图1-3-38所示。

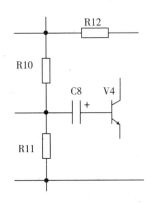

图1-3-37 项目代号的使用实例

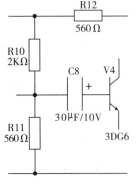

图1-3-38 项目代号的标注

4)系统图和框图

系统图额框图是电气系统或设备在设计、生产、安装、使用和维修的过程中经常使用的电气图。系统图和框图是符号或带注释的框,概略表示系统或分系统的基本组成、相互关系及其主要特征的一种简图。

(1)系统图和框图的用途及异同。系统图和框图的区别分析如表1-3-9所示。

表1-3-9 系统图和框图的区别分析

项目		内容
用途		(1)概略了解系统或设备的总体情况;
		(2)为进一步编制详细的技术文件提供依据;
		(3)为操作和维修提供参考
系统图和框图的比较	共同点	原则上没有区别,概念和绘制方法基本相同
	不同点	所描述对象的层次有所不同,系统图通常描述系统或成套装置,层次较高,侧重于体系划分。框图通常描述分系统或设备,层次较低,侧重功能划分

(2)系统图和框图的绘制方法。系统图和框图的绘制方法如表1-3-10和图1-3-39所示。

表1-3-10 系统图和框图的绘制方法

类别	绘制方法		备注
方法1	采用GB4728—2018中的图形符号,以方框符号为主		不常用
方法2	带注释的方框	(1)框内用图形符号作注释,如图1-3-38(a)所示	有时符号难找全
		(2)框内用文字作注释,如图1-3-38(b)所示	多用于表示较高层次框图
		(3)框内同时用图形符号和文字作注释,如图1-3-38(c)所示	方法灵活,较常用
方法3	带有主要元器件的点画线框		

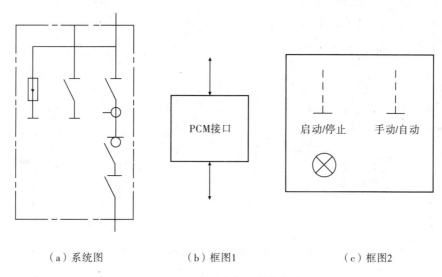

（a）系统图　　　　　（b）框图1　　　　　（c）框图2

图 1-3-39 系统图和框图的绘制方法

（3）系统图和框图的绘制实例。钢厂某系统图实例如图1-3-40所示。

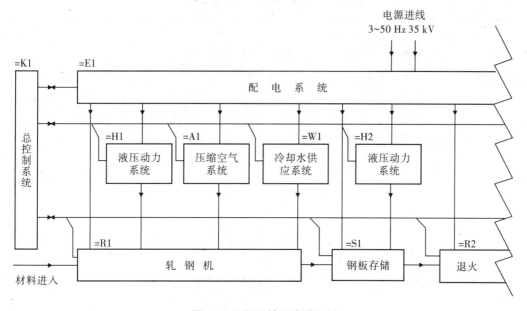

图 1-3-40 钢厂某系统图实例

5）电气原理图

电气原理图又称电路图。它是用图形符号按工作顺序排列,详细表示电路、设备或成套装置的全部基本组成和连接关系,而不考虑其实际位置的一种简图。电气原理图的用途详细理解电路、设备或成套装置及其组成部分的作用原理为电气产品的装配、编制工艺、调试检测和分析故障提供信息为编制接线图及其他功能图提供依据。

（1）电气原理图的绘制规则。

电气原理图的一般规定电气原理图中元器件的表示方法:元件、器件和设备应采用《电气简图用图形符号》(GB4728—2018)规定的各类符号来表示,并可根据该标准提供的规则组合成新符号来表示,必要时可采用简化外形表示。另外,在符号旁边应标注项目代号,需要时还可以标注主要参数。

电路图中元件的表示方法示例如图 1-3-41 所示。

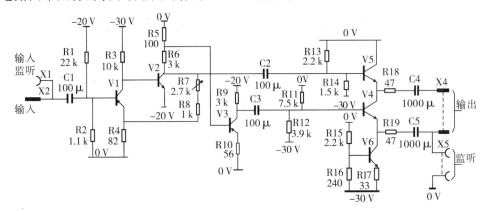

图 1-3-41 电路图中元件的表示方法示例

（2）电气原理图中元器件位置的表示方法。电气原理图元件位置布置方法如表 1-3-11 所示。

表 1-3-11　电气原理图元件位置布置方法

类别	方法
图幅分区法	按本章（电气制图的一般规则）中对图幅分区规定
电路编号法	用数字编号表示电路或分支电路的位置，数字顺序为从左至右或从上至下
表格法	在图的边缘部分绘制一个以项目代号分类的表格，表格中的项目代号与相应的图形符号在垂直或水平方向对齐。图形符号旁仍需标注项目代号

①电路编号法图例。电路编号法如图 1-3-42 所示。

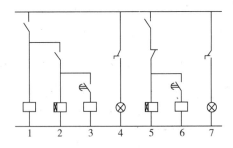

图 1-3-42　电路编号法

②表格法。绘制表格法如图 1-3-43 所示。

电容器	C8				
电阻器	R9-R11	R12	R13	R14-16	R17	R18
半导体管	V16	V5		V18	V6

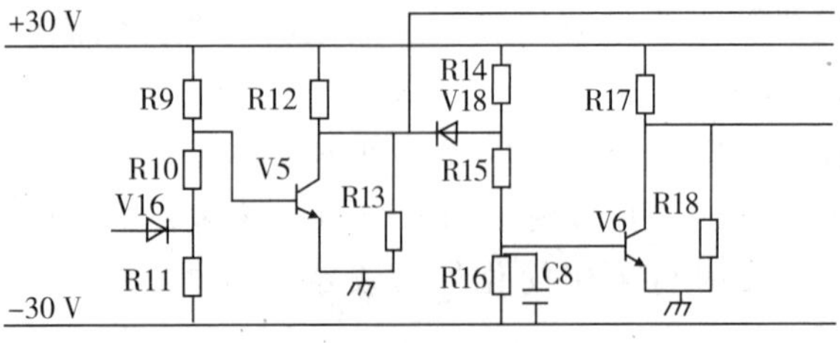

图 1-3-43　绘制表格法

③导线去向及符号在图上的位置表示法。导线去向标识如图1-3-44所示。

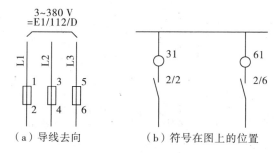

（a）导线去向 （b）符号在图上的位置

图1-3-44 导线去向标识

④电气原理图中元器件和设备工作状态的表示。电气原理图中设备状态表示如表1-3-12所示。

表1-3-12 电气原理图中设备状态表示

种类	要求
继电器、接触器	非激励状态，即所有绕组和驱动线圈上都没有电流通过时的状态
断路器、隔离开关	断开位置。即触头分开不接触的位置
带零位的手动控制开关	零位位置
机械操作开关	在非工作状态或非工作位置（即搁置时的情况）
事故、备用、报警开关	设备正常使用位置

（3）采用机械连接的元器件或设备等在电气原理图中的布置方法某些元器件如继电器、断路器等，由驱动部分和被驱动部分组成，驱动部分和被驱动部分之间有机械连接。它们的图形符号在电路图上的布置方法有三种。

①集中表示法如图1-3-45所示。

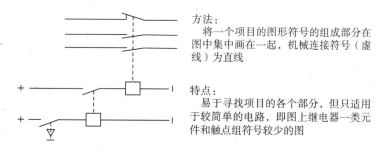

方法：
将一个项目的图形符号的组成部分在图中集中画在一起，机械连接符号（虚线）为直线

特点：
易于寻找项目的各个部分，但只适用于较简单的电路，即图上继电器一类元件和触点组符号较少的图

图1-3-45 集中表示法

②半集中表示法如图1-3-46所示。

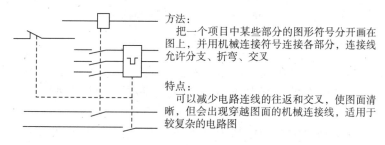

方法：
把一个项目中某些部分的图形符号分开画在图上，并用机械连接符号连接各部分，连接线允许分支、折弯、交叉

特点：
可以减少电路连线的往返和交叉，使图面清晰，但会出现穿越图面的机械连接线，适用于较复杂的电路图

图1-3-46 半集中表示法

③分开表示法如图1-3-47所示。

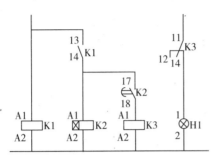

方法：
　　把一个项目中的某些部分的图形符号分开绘制在图面上，仅用项目代号表示它们之间的关系而不画连接线

特点：
　　既可减少电路连接的往返和交叉，又不出现穿越图面的机械连接线，但要寻找被分开的各部分需要采用插图或表格等检索手段

图1-3-47 分开表示法

（4）电气原理图的规定表示法。

①电源表示法及电路布局示例如图1-3-48所示。

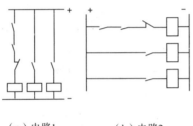

电路图中，可以用"+""-"表示电源；可以采用代表电源特定导线的字母和数字来表示，还可以用电源的电压值表示电源

（a）电路1　　　　（b）电路2

图1-3-48 电源表示法及电路布局示例

②电路布局。

电路布局的规定如表1-3-13所示。类似项目的排列如图1-3-49所示。

表1-3-13 电路布局的规定

类别	规定布局方法
类似项目的排列	电路垂直绘制时，类似项目横向对齐，如图1-3-48（a）所示； 电路水平绘制时，类似项目纵向对齐，如图1-3-48（b）所示
功能相关项目的连接	功能相关项目应靠近绘制、集中表示，如图1-3-49（a）所示； 同等重要的并联通路，应根据主电路作对称布置，如图1-3-49（b）所示

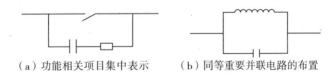

（a）功能相关项目集中表示　　　（b）同等重要并联电路的布置

图1-3-49 类似项目的排列

③用特定导线标记表示电源及主电路表示法示例电路图中主电路的绘制有如下要求。

a.在绘制时，可将所有的电源线集中绘制在电路的一侧、上部或下部，如图1-3-50所示。

b.多相交流电源电路通常按相序从上至下或从左至右排列，中性线则绘制在相线的下方或右方，如图1-3-50（a）所示。

c.连到方框符号的电源线一般应与信号流向成直角绘制,如图1-3-50(b)所示。

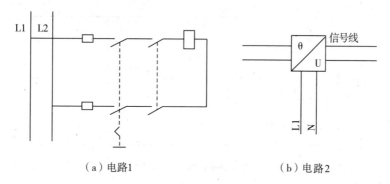

（a）电路1　　　　　　　　　（b）电路2

图1-3-50 特定导线标记表示电源及主电路表示方法

④并联电路的简化如图1-3-51所示。

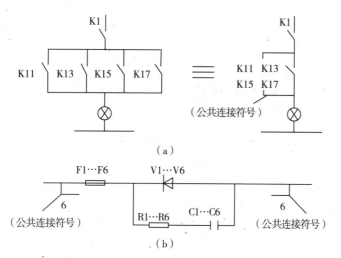

图1-3-51 并联电路的简化

（5）电气原理图的画图步骤。

绘制电气原理图应遵循电气制图的一般规则,同时要考虑电气原理图的有关规定画法。现以图1-3-52所示的低频放大电路为例,说明绘制电气原理的具体作图步骤。

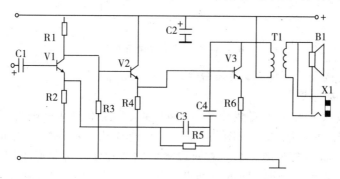

图1-3-52 低频放大电路

画图步骤如下。

①电气原理图一般是由若干单元电路按信号的正常流向逐级相连的;作图时,应先以各单元电路的主要元件(如变压器、三极管、集成电路等)为中心,将全图分成若干断。各

主要元件尽量排列在同一条水平线或垂直线上,如图1-3-53所示。

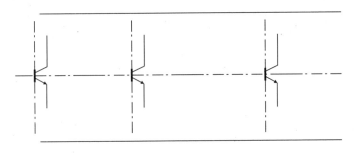

图1-3-53 将全图分段

②分别画出各级电路之间的连接及有关元器件。作图时,应使同类元器件尽量在横向或纵向上对齐,并从全局出发对各级的布置不当之处适当加以调整,使全图布置均匀、清晰,如图1-3-54所示。

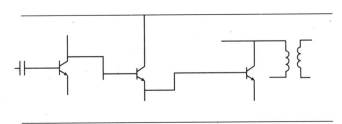

图1-3-54 绘制各个单元电路

③画圈其他附加电路及元器件,标注项目代号、端子代号及有关注释。完成各个单元电路如图1-3-55所示。

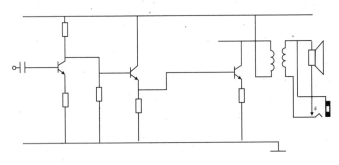

图1-3-55 完成各个单元电路

④查全图的连接是否有误、布局是否合理,最后完成全图。

(6)接线图和接线表。

接线图和接线表主要用于安装接线、线路检查、线路维修和故障处理。它们必须符合电气设备的线路图、装配图和施工图的要求,并且清晰地表示各个电器元件和设备的相对安装位置及它们之间的电连接关系。它对设备的制造和使用都是必不可少的。

接线图和接线表可单独使用,也可结合使用。接线图和接线表通常应该表示出:项目的相对位置、项目代号、端子号、导线号、导线类型、导线截面积和特征(包括屏蔽、接地、绞合等),以及其他需要补充说明的内容。

①接线图中的项目、端子、导线的表示方法。

a.接线图中的项目表示方法。项目的表示如图1-3-56所示。

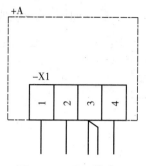

图 1-3-56 项目的表示

b. 接线图中端子的表示方法。

端子符号如图 1-3-57 所示。

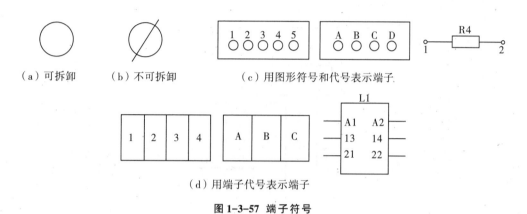

（a）可拆卸　　（b）不可拆卸　　（c）用图形符号和代号表示端子

（d）用端子代号表示端子

图 1-3-57 端子符号

② 接线图中导线的表示方法。

导线的表示方法如表 1-3-14 所示。

表 1-3-14　导线的表示方法

类别	规定布局方法	备注
连续线	两个端子之间的连接导线用连续的线条表示，示例如图 1-3-57 所示	表示有布线位置要求的连接导线或线束
中断线	两个端子之间的连接导线用中断的线条表示，示例如图 1-3-58 所示	必须在中断处标明导线的去向
加粗线	用加粗线表示导线子组、电缆、缆形线束等，示例如图 1-3-59 所示	不致引起误解时也可以部分加粗

a. 接线图中导线的表示方法——连续线如图 1-3-58 所示。

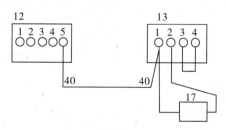

图 1-3-58 连续线

b.接线图中导线的表示方法——中断线如图1-3-59所示。

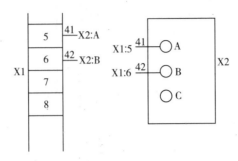

图1-3-59 中断线

c.接线图中导线的表示方法——加粗线如图1-3-60所示。

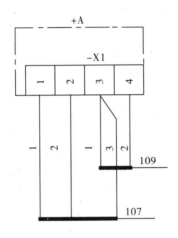

图1-3-60 加粗线

（7）接线图中导线的标记方法。

导线标记方法如表1-3-15和表1-3-16所示。

表1-3-15 导线标记方法（1）

导线名称		标记	
		字母数字符号	图形符号
交流系统的电源线	1相	L1	
	2相	L2	
	3相	L3	
	中性线	N	
直流系统的电源线	正	L+	+
	负	L-	-
	中间线	M	
保护接地线		PE	⏚

表1-3-15 导线标记方法（2）

导线名称	标记	
	字母数字符号	图形符号
不接地的保护导线	PU	
保护接地线和中性线共用一线	PEN	
接地线	E	⏚
无噪声接地线	TE	⏚
机壳或机架	MM	⏚
等电位	CC	▽

4. 电气制图软件

目前，使用范围比较大的是AutoCAD制图软件，比较专业的EPLAN制图软件。这里给推荐一种快速制图的制图软件CADe_SIMu。这款软件可以完全满足电气制图的要求。

CADe_SIMu的特点：①所有的电器元件可以直接调用，绘制电气图非常的快捷方便；②拥有电气仿真的功能，绘制完电气原理图后可以对绘制的原理仿真检查控制过程是否正确，非常的实用；③绿色软件免安装；④满足所有电气制图的要求。

CADe_SIMu绘图软件界面如图1-3-61所示。

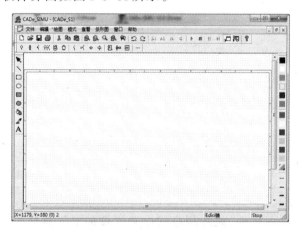

图1-3-61 CADe_SIMu绘图软件界面

5. 绘图应用实例

本绘图应用以双联开关的两种控制电路为实例，如图1-3-62所示。

1）控制方式说明

方式一：①两节电池串联组成，正极接入1#双联开关的中节点，负极与灯泡负极相连；②1#双联开关左节点与2#双联开关左节点连接，1#双联开关右节点与2#双联开关右节点连接，2#双联开关的中节点与灯泡正极相接；③控制过程为1#、2#双联开关同时打到左边或右边灯泡才能被点亮。

方式二：①两节电池串联组成，正极接入3#双联开关的左节点，负极与4#双联有节点相连；②3#双联开关左节点与4#双联开关左节点连接，3#双联开关右节点与4#双联开关右节点连接，3#双联开关的中节点与灯泡正极相接，4#双联开关的中节点与灯泡负极相接。

③控制过程为1#、2#双联开关一左和一右,分置两边灯泡才能被点亮。

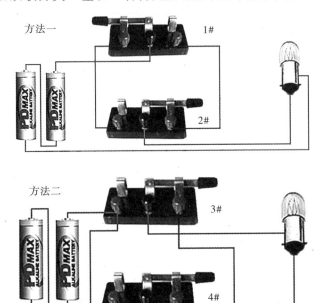

图1-3-62 双联开关的两种控制电路

2）电器元件组成

双联开关控制电器元件组成如表1-3-16所示。

表1-3-16 双联开关控制电器元件组成

元件名称	数量	规格型号	备注
7号电池	2节	直流2 V	其他干电池亦可
双联开关	2个	单座双联刀开关	
指示灯	1个	直流3.8 V	
导线	若干	红色和黑色	红色线接正极、黑色线接负极

3）绘制电气原理图

绘图流程:①打开绘图软件,添加相应的电器元件的电气符号,根据绘图原则合理防止位置;②结合图1-3-62和控制说明,绘制相关导线的连接;③通过电路图检查方式一和方式二的控制过程是否正确,并保存,为了看图清晰,我们截取了原理图部分,图框部分未截取,如图1-3-63所示。

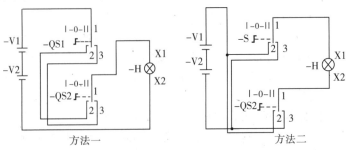

图1-3-63 双联开关控制的电气原理图

三、任务实施

1. 任务说明

本任务要求搭建一个简易直流电源监控系统,并为此系统绘制符合电气规范的电气原理图。

(1)电源监控系统电器设备组成如表1-3-17所示。

表1-3-17　电源监控系统电器设备组成

元件名称	数量	规格型号	备注
开关电源	1个	直流24 V	
微型断路器	3个	1极	可以使用其他自锁按钮代替
指示灯	3个	直流24 V	
低压断路器	1个	2极,1 A	可以使用漏电保护断路器代替
电流表	1台	直流0.6 A / 3 A	可以使用万用表的电流档来代替
电工工具	若干	螺丝刀、万用表、斜口钳等	
导线	若干	红色和黑色rvv1×0.75	

(2)系统负载为3路电源指示灯,系统使用1个电流表检测每一路电流的大小,并可以观察3路电流是否平衡。图1-3-64为电源监控系统实物接线图示意图。

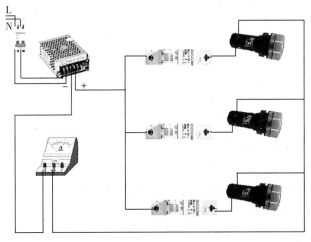

图1-3-64　直流电源监控系统接线示意图

2. 任务实施步骤

(1)根据直流电源监控系统的实物接线示意图,读懂直流电源监控系统的控制要求。请参考相关知识中绘图应用实例,条理清晰地描述并列出直流电源监控系统的控制过程。

(2)绘制电气原理图绘制流程:①打开制图软件CADe_SIMu或其他电气制图软件,根据表1-3-17提供的电气元件,选择对应的电气符号,对于相同的电气符号需要增加数字编号以示区别,并合理摆放位置;②根据直流电源系统的实物接线示意图和控制过程,连接电气元件之间的连线,注意电源正极需要红线,负极采用黑线,对于交叉有连接的接线一定要绘制连接点;③绘制完成后需要根据控制过程,重新确认接线是否正确。

（3）搭建配电系统。根据实际情况和电器元件的情况搭建直流电源监控系统。

搭建流程：①选择合适的电器安装工具，安装固定好电器元件；②选择合适的接线工具，搭建电源监控回路；③合闸前先测试设备状态，具体是使用万用表通断挡测量直流供电回路有没有短路的故障，如果万用表显示无穷大则系统搭建没有短路故障；④验证电源监控系统的功能。

3. 任务目标

本任务要求达到的任务目标有：①电气原理图绘制符合电气规范，电气符号选择正确，接线连接正确、规范；②实物接线正确，系统功能验证正确，功能具体包括指示灯可以正常点亮、电流表能准确测量出每一路的电流值并且测量过程可以保持指示灯常亮。

四、任务拓展

1. EPLAN电气制图软件

EPLAN可面向图形和面向对象进行设计，友好熟悉的界面和操作方式可以高效准确完成项目设计，一键式全自动报表生成、符合国际标准的图纸。EPLAN的PLC处理如图1-3-65所示。

EPLAN与高效率—PLC处理

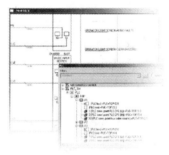

■ PLC地址自动处理
■ 地址可重新编号
■ PLC卡的定制
■ 多个PLC单元在同一个项目
■ 总线技术

用户受益：

软硬件I/O数据保持较好一致性，修改快速，不需重复输入

轻松定义总线拓扑中具有主和从关系的总览

图1-3-65 EPLAN的PLC处理

EPLAN Pro Panel：面向机箱机柜等柜体的设计软件，即面向电气项目的柜体内部安装布局过程的三维模拟设计。值得说明的是，Pro Panel把威图机柜的产品手册和产品目录集成在软件里，用户可以直接在软件中进行选型，使用非常便利。

EPLAN的自动报表如图1-3-66所示。

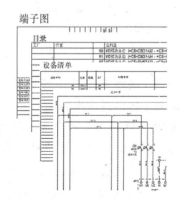

■ 多种工程所需报表类型
■ 一键式生成报表
■ 图形化报表（可选）
■ 动态/静态报表
■ 嵌入式报表
■ 外部编辑

用户受益：
缩短设计周期，减少烦琐的工作，且报表数据准确无误

图1-3-66 EPLAN的自动报表

2. 思考与练习

参考图 1-3-67 所示的实物接线,完成指示灯直流开关电源配电控制的电气原理图绘制。

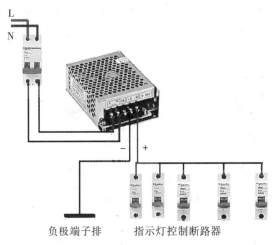

图 1-3-67 指示灯直流电源配电控制接线示意图

◀ 任务4 工业机器人系统应用电气元件配盘 ▶

一、任务描述

各类机械设备离不开其电气控制,把设计好的电气图纸转换为实物接线,并装接成功能齐全、外观美观的电气控制柜是工业机器人系统应用必不可少的步骤。本任务通过电气元件的配盘模拟从电气原理图到实际电气控制的接线的操作过程。

本任务的要求有:①根据提供电源控制的电气原理图,读懂电气原理图的工作原理;②根据任务说明,绘制出电器元件布置图和接线图;③通过电器元件的布置图和接线图,选择合适的电缆和剥线、接线工具完成本次电气元件配盘任务。

电气控制柜如图 1-4-1 所示。

图 1-4-1 电气控制柜

二、相关知识

1. 如何快速的读懂电气原理图

看懂电气图,首先要具备电工基础知识,熟悉各种电气设备的原理,掌握各种电气设备的运行、控制方法(熟知几类典型的控制线路很有必要);其次要掌握电气"工程文字",即各种电气图形符号、字符符号等。

电机启动控制电气原理图如图1-4-2所示。

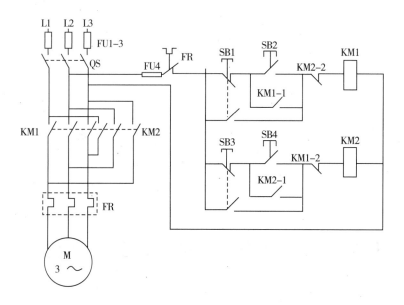

图1-4-2 电机启动控制电气原理图

电路几个常用的术语如下。①支路:电路中的每个一个分支,一条支路流过一个电流如图1-4-3有3条支路。②节点:两条以上支路额连接点,d、c不算节点。③回路:由一条或多条支路构成的闭合路径,且沿回路绕行一周时,回路中的节点只经过一次,图1-4-3中有3条回路,即abca、adba 和 adca。

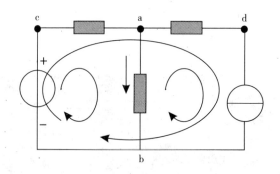

图1-4-3 电路回路

1)电气图形符号和文字符号

电气符号包括图形符号、文字符号等,是构成电气图的基本单元。图形符号用于表示一个设备或概念的图形,是电工技术文件中的"象形文字"。文字符号是表示电气设备、装置、电气元件的名称的字符代码。

电气图形符号示例如表1-4-1所示。

表1-4-1 电气图形符号示例

名称	图形符号	文字符号
电动机	Ⓜ	M
按钮	E͞-\ E͞-\	SB

由图形符号按照电气原理、结构等勾勒出的,能够表达功能意图的图为电路图或电气原理图;用文字符号加以标注、说明,使得电路图更能把意图表达清楚,如图1-4-4所示。

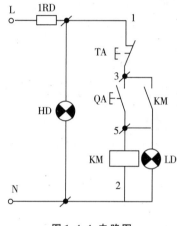

图1-4-4 电路图

2)电路图的种类

针对原理图纸,分主回路(一次回路)和控制回路(二次回路)。主回路就是连接电源、控制设备、用电设备的回路。它受控于控制回路。控制回路就是用来控制主回路,按照人们的意图进行各项功能的完成。

电路图的种类如图1-4-5所示。

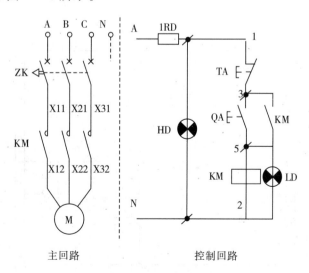

主回路   控制回路

图1-4-5 电路图的种类

3）线路标记

（1）在主回路中，电源进线 A 相用 A（L1）、B 相用 B（L2）、C 相用 C（L3）、零线用 N 标注；三相四线制中每相的颜色为 A 黄色、B 绿色、C 红色、N 黑色；每经过一个设备，标注一个线号，如 X11、X12 代表 A 相的两层标注，同样 X21、X22，X31、X32 分别代表 B、C 相的两层标注；电动机的出线分别用 U、V、W 和 u、v、w 标注。

（2）在控制回路中，从电源的入口（交流电以火线为入口，直流电以正极为入口），每过一个不耗能元件时（如按钮、继电器接点等），标注一个"奇"数，如 1、3、5…或 01、03、05…；从电源的出口（交流电以零线为出口，直流电以负极为出口）向耗能元件（如线圈、电阻等）每过一个不耗能元件，标注一个"偶"数，如 2、4、6…或 02、04、06…。

（3）控制回路中的关键接点可以用明显好记的数字标注，如分支较多的、控制出口点的节点处，用 5、15、25…数码标注，便于记忆和查找。

4）图纸的结构及反映的内容

（1）图幅。

工程图纸的图幅分 0 号（A0）、1 号（A1）、2 号（A2）、3 号（A3）、4 号（A4）之分。如图 1-4-6 所示，两个 A4 图幅为一个 A3 图幅；两个 A3 图幅为一个 A2 图幅；两个 A2 图幅为一个 A1 图幅；两个 A1 图幅为一个 A0 图幅。

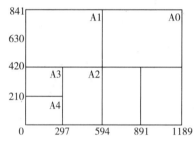

电气图纸中最常见的图幅为 A4 图和 A3 图幅

图 1-4-6 图幅的种类

（2）图纸功能区划分。

整个图幅分外框分区、图纸绘制区、技术说明区、元件表、标题栏共五个部分。

①外框分区：为了方便图纸上元件的查找定位而设置，也是图纸坐标的一种方法。图幅分区如图 1-4-7 所示。

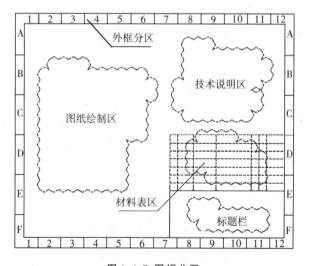

图 1-4-7 图幅分区

②图纸绘制区:该区域用于完整、全面地运用"工程文字"表现工程所要表达的内容,是图纸中心核心区域;绝大多数电气图都是示意性的简图,不涉及设备和元件的尺寸即不存在按比例绘图的问题(印刷线路板的绘制除外),只要求图形符号、字符符号、线条等"布局合理,排列均匀,图面清晰,便于看图",协调美观就行。因此,不可由电气图中设备元件的形状来判断大小、位置等。"工程文字"就是图形符号和字符符号,就像汉字一样,要多看、多记,才能"有文化,才能学知识,才能看懂、表达工程语言"。

绘图区如图1-4-8所示。

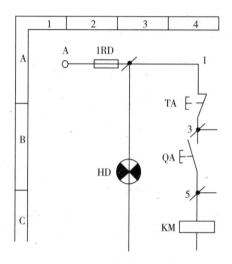

图1-4-8　绘图区

③技术说明区:补充图纸("工程文字")不能表达的内容,如工程说明、技术要求、注意事项等。

技术说明区如图1-4-9所示。

本项目为某钢厂结构调整配套改造工程RH真空精炼装置变电所低压配电原理图。

其中RH炉本体供电来自总降进线电缆,断路器变电和分闸使用冗余结构方式,进线电缆分别来自两台变压器(B1、B2),一开一备。

本供电设备配无功补偿装置一组,订货要求能采集电源进线电能信号,根据实际需要实现手动切换,分别补偿两台变压器。

本设计中低压配电柜的制作满足以下要求:

①装置的制作符合国家标准的有关规定,同时符合国际标准EC430;

②柜内导线和电缆的颜色应符号国家标准GB62681-1981《电工成套装置中的导线颜色》的规定;

③装置内属于控制回路的导线采用BVR-500 1.5 mm^{2}的多股铜芯软线,并在规定导线接头装配UT或DT型接线端头;

④装置内控制回路的配线采用塑料线槽,接线端子在柜内的位置应考虑给现场使用留有足够的空间;

⑤装置外观的喷漆(粉末喷漆)的颜色为灰色,卡号为602。

图1-4-9　技术说明区

④材料表区:标明电气元件的名称、型号、数量等信息。

材料表如表1-4-2所示。

表1-4-2　材料表

序号	符号	名称	型号及规格	单位	数量	备注
1	JX	电源箱	JXF3007600×800×200	个	1	
2		封闭式负荷开关	HH11−300/32	个	2	
3						
4		角钢滑触线	75×75×8	米	648	
5		角钢滑触线轨质母线	LMY−40×4	米	432	
6						
7		滑触线支架	D363 第 13 页	套	74	
8		电力电缆	VV−13×120	米	370	
9		水煤气管	GG70	米	10	
10		电力电缆	VV−13×120+1×70	米	450	
11		电力电缆	VV−13×95	米	5	
12						

⑤标题栏：主要说明工程名称，图名，图号和页数等指引信息。

标题栏信息如图1-4-10所示。

描图	工程名称	一钢厂结构调整配套改造工程RH真空精炼装置	工程号及图号	200587电2		
	图名	变电所低压配电室电气原理图纸目录	专业	电力	审核	共（1）页
描校			设计阶段	设备	科长	第（1）页
	甲级 030110	唐山钢铁设计研究院有限公司	设计制图		审定	制表时间
			校核		总设计师	2005年05月 日

图 1-4-10 标题栏信息

5）看图技巧

识读电气图纸的方法步骤如下。①先阅读设备说明书，了解设备的机械结构、电气传动控制方式以及设备元件的分布等。②认真阅读图纸说明，了解设计内容和施工要求，以便抓住识读电路图的要点。③认真查阅标题栏，了解电气图的名称及标题栏中的内容，也了解该电气图的相关内容。④识读电路图。

识读电气原理的一般步骤如下。①看主回路：从下往上看，即先从用电设备开始，经电气元件，顺序地往电源端看。②看控制回路：从上往下看，从左向右看。要注意控制回路右侧的功能标注。结合主回路和控制回路，动态地将控制回路和主回路的动作顺序关系搞清楚。

对复杂的电气原理图，为了系统地、清晰地描述，常常会给出功能图（或功能描述），首先要看懂功能图，然后按功能将电路图划分条块，按每个功能区块基本要求。

（1）从简单到复杂，循序渐进地看图：从看简单的电路开始，搞清每一个电气符号的含义，明确每一个电气元件的作用，理解电路的工作原理，为看复杂电气图打下基础。

（2）应具有电子技术的基础知识：掌握电动机、变压器、开关等电气元器件的原理。

（3）要熟记和会用电气图形符号和字符符号：电气图是由图形符号和字符符号组成的。图形符号和字符符号很多，从个人专业出发熟读背会本专业的图形符号和字符符号，然后逐步扩大，就能读懂更多的电路图。

（4）熟悉各类电气图的典型电路：典型电路认识多了，可以触类旁通、举一反三。

（5）了解涉及电气图的有关标准和规程：看图的目的是用来指导施工、安装，指导运行、维修和管理。有些技术要求不一定都在图纸上标注出来，而是按国家标准或技术规程规范做出明确规定的。

2. 从电气原理图到实际电气控制线路

电气原理图明确了电气控制线路的工作原理，根据电气原理图可以梳理出该控制线路中所要用到的各种主要电器产品。根据电器布置图可以画出控制线路的安装接线图，购置各种电器产品，制作安装箱体和支架，可以最终完成设备的电气控制线路的接线。下面以电动机正反转控制线路为例说明从电气原理图到实际电器控制线路的一系列转变。

电动机正反转电气原理图如图1-4-11所示。

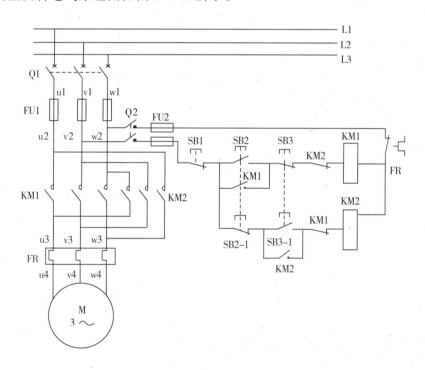

图 1-4-11 电动机正反转电气原理图

在原理图中，出现了几个按钮和触点之间用虚线相连接的情况，这代表这几个电器元件联动，如SB2、KM1的动合触点、SB2-1，其中SB2与SB2-1是复合按钮，三个元件联动表示当按下SB2时，SB2闭合同时，复合按钮SB2-1断开；继而交流接触器1的动合触点闭合。

1）电器布置图

根据电气原理图中绘出的电器元件，结合安装板的大小绘制出电器布置图。电气布置图需要注意的有：①布置的顺序由上到下按配电电器、控制电器、执行电器的顺序布置，主令电器根据需要安装在设备柜门面板上或现场设备上；②相同类型的电气元件放置在一起；③电器元件间要留有散热距离，具体的可以参考相关电器设备的安装说明书。

电器布置图如图1-4-12所示。

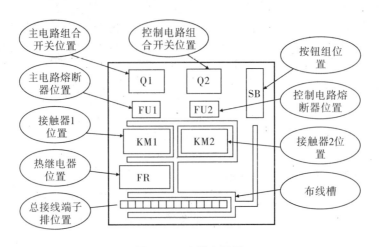

图 1-4-12 电器布置图

2）安装接线图

安装接线图反映设备的详细接线，可以具体到单个设备的接线螺丝上，如图 1-4-13 所示。

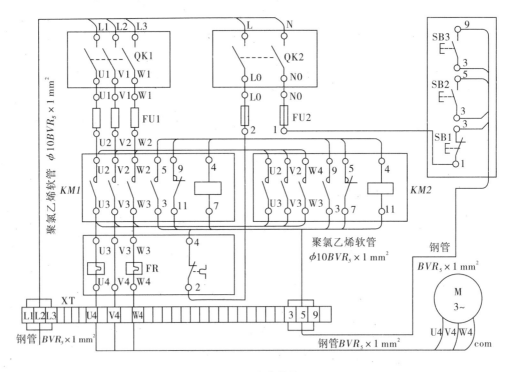

图 1-4-13 安装接线图

3）实际接线

实际接线注意事项：①接线顺序是先接大容量粗线后接细线，先接交流后接直流的方法；②走线的时候注意交流电和直流电尽可能地分开走，例如交流电可以全部走控制柜的左侧，直流电全部走控制柜的右侧；③接线的时候先剥线，把铜线头使用接线端子或拧好后先放置好，然后拧紧。

需要特别注意的是放置通线头一定要放置在正确的位置，不然螺丝压不紧线头子造成虚接；虚接在电气设备控制过程非常危险，首先出现的问题点不易查到，其次容易造成短路故障。

实物接线图如图1-4-14所示。

图1-4-14 实物接线图

3. 电缆的连接

电缆：通常是由几根或几组导线组成，导线有多股铜线和单股铜线；工业现场建议不使用铝制导线。图1-4-15所示为铜制导线。

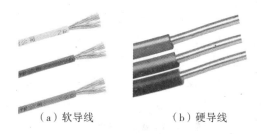

（a）软导线　　　　　（b）硬导线

图1-4-15 铜制导线

1）常用电缆的分类及其使用

常用电缆分为：单股导线、护套线、屏蔽线，每种线分软线（R）和硬线（K）。

（1）单股导线：控制柜内部接线或设备内部接线，一般采用软线，如RV1×1.0是单股1.0的导线。

（2）护套线：护套线一般内有多股导线组成，不带屏蔽层，用于不需要抗干扰的场合，在控制柜内接线一般使用软线，现场布线一般使用硬线，如RVV3×1.5是3芯护套软线、每根线芯大小为1.5。

（3）屏蔽线：屏蔽线用于需要抗干扰的场合，如变频电机驱动、电缆沟铺设、信号线连接等，在控制柜内接线一般使用软线，现场布线一般使用硬线，如RVVP 4×4是4芯屏蔽软线、每根线芯大小为4，DJYPVP 2×2×1.0是2组2芯双屏蔽电缆、每根电缆大小为1.0，如图

1-4-17所示为DJYPVP 4×2×1.0双屏蔽电缆。

DJYPVP 4×2×1.0屏蔽电缆如图1-4-16所示。

图1-4-16 DJYPVP 4×2×1.0屏蔽电缆

2）电缆的线径的计算

（1）粗略计算的方法：如果是铜芯线，线径乘以8，就是最大安全电流，电流乘以220 V电压，就是最大承受功率；如果是铝芯线，线径乘以6就是最大安全电流。例如4平放的铜芯线，最大安全电流32 A，220 V AC供电中最大承受功率7.04 kW，380 V AC供电中最大承受功率为12.16 kW。

（2）考虑电缆的使用寿命，电缆选用不能满负载运行，一般在电缆功率50%为佳，如5.5 kW的三相变频电动机，可以选用KVVP 4×4或者KVVP 4×3+1×2.5，3根4的导线用于电机，另外一根用于电动机接地线。

3）单芯电缆颜色的选用

现行《人机界面标志标识的基本和安全规则 导体的颜色或数字标识》（GB7947—2006）规定下列颜色容许用于导体的标识：黑色、棕色、红色、橙色、黄色、绿色、蓝色、紫色、灰色、白色、粉红色、青绿色。优先使用黑色或棕色表示系统中的交流导体，仅在与保护导体着色不大可能发生混淆的地方，允许使用单一的绿色和黄色。常见线缆颜色使用如表1-4-3所示。

表1-4-3 常见线缆颜色使用

电源类型	颜色使用
交流 380 V AC	三相电：黄（L1）绿（L2）红（L3），蓝（N）
交流 220 V AC	火线：红或棕(一般使用棕色较多)，零线(蓝)
直流 24 V DC	正极(+)：红，负极(-)：黑
直流 20 mA	正极(2 mA+)：棕，负极(20 mA-)：蓝
地线 PE	黄绿

4）导线的连接

（1）单股铜芯导线的直线连接。

单股铜芯导线直接连接如图1-4-17所示。

（a）先将两导线芯线头成X形相交　（b）互相绞合2~3圈后扳直两线头

（c）将每个线头在另一芯线上紧贴并绕6圈，
用钢丝钳切去余下的芯线，并钳平芯线末端

图1-4-17 单股铜芯导线直接连接

（2）双股线的对接。

将两根双芯线头部削成图示中的形式。连接时，将两根待连接的线头中颜色一致的芯线按小截面直线连接方式连接。用相同的方法将另一颜色的芯线连接在一起。

多股线对接如图1-4-18所示。

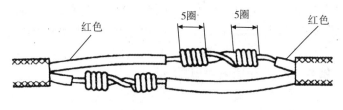

图1-4-18 多股线对接

（3）多股铜芯导线的直线连接。

以7股铜芯线为例说明多股铜芯导线的直线连接方法，如图1-4-19所示。

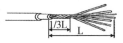

（a）先将剥去绝缘层的芯线头散开并拉直，再把靠近绝缘层1/3线段的芯线绞紧，然后把余下的2/3芯线头按图示分散成伞状，并将每根芯线拉直

（b）把两伞骨状线端隔根对叉，必须相对插到底

（c）捏平叉入后的两侧所有芯线，并应理直每股芯线和使每股芯线的间隔均匀；同时用钢丝钳钳紧叉口处消除空隙

（d）在一端把临近两股芯线在距叉口中约3根单股芯线直径宽度处折起，并形成90°

（e）把这两股芯线按顺时针方向紧缠2圈后，再折回90°，并平卧在折起前的轴线位置上

（f）把处于紧挨平卧前临近的2根芯线折成90°，并按步骤（e）方法加工

（g）把余下的3根芯线按步骤（e）方法缠绕至第2圈时，把前4根芯线在根部分别切断，并钳平；接着把3根芯线绕足3圈后剪去余端，钳平切口不留毛刺

（h）另一侧按步骤（d）~（g）方法进行加工

图1-4-19 多股铜芯导线的直接连接方法

（4）不等经铜线的对接。

把细导线线头在粗导线线头上紧密缠绕5~6圈，弯折粗线头端部，使它压在缠绕层上，再把细线头缠绕3~4圈，剪去余端，钳平切口。不等经铜线对接如图1-4-20所示。

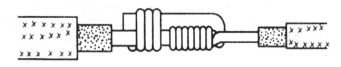

图1-4-20 不等经铜线对接

5）常用剖削导线绝缘层的方法

（1）线绝缘层的剖削。

①对截面积不大于4 mm²的塑料硬线绝缘层的剖削，人们一般用钢丝钳或斜口钳进行。剖削的方法和步骤如下。a.根据所需线头长度用钢丝钳刀口切割绝缘层，注意用力适度，不可损伤芯线。b.用左手抓牢电线，右手握住钢丝钳头钳头用力向外拉动，即可剖下塑料绝缘层。c.剖削完成后，应检查线芯是否完整无损，如损伤较大，应重新剖削。塑料软线绝缘层的剖削，只能用剥线钳或钢丝钳进行，不可用电工刀剖，其操作方法与此同。

②对芯线截面大于4 mm²的塑料硬线，可用电工刀来剖削绝缘层。

其方法和步骤如下。a.根据所需线头长度用电工刀以约45°角倾斜切入塑料绝缘层，注意用力适度，避免损伤芯线。b.使刀面与芯线保持25°角左右，用力向线端推削，在此过程中应避免电工刀切入芯线，只削去上面一层塑料绝缘。c.将塑料绝缘层向后翻起，用电工刀齐根切去。

电工刀剖削塑料硬线绝缘层如图1-4-21所示。

（a）切入手法　（b）电工刀45°角斜切入　（c）刀口以25°角用力推削　（d）翻下绝缘外层皮

图1-4-21 电工刀剖削塑料硬线绝缘层

③塑料护套线绝缘层的剖削必须用电工刀来完成，剖削方法和步骤如下。a.按所需长度用电工刀刀尖沿芯线中间逢隙划开护套层，如图1-4-22（a）所示。b.向后翻起护套层，用电工刀齐根切去，如图1-4-22（b）所示。c.在距离护套层5～10 mm处，用电工刀以45°角倾斜切入绝缘层，其他剖削方法与塑料硬线绝缘层的剖削方法相同。

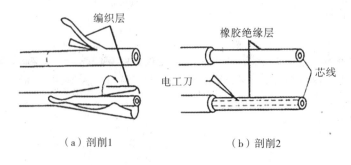

（a）剖削1　　　　　　　　　（b）剖削2

图1-4-22 塑料护套线绝缘层的剖削

④橡皮线绝缘层的剖削方法和步骤如下。a.把橡皮线编织保护层用电工刀划开，其方法与剖削护套线的护套层方法类同。b.用剖削塑料线绝缘层相同的方法剖去橡皮层。c.剥离棉纱层至根部，并用电工刀切去，如图1-4-23所示。

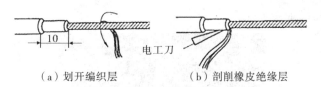

（a）划开编织层　　　　　（b）剖削橡皮绝缘层

图1-4-23　橡皮线绝缘层的剖削

⑤花线绝缘层的剖削方法和步骤如下。a.根据所需剖削长度,用电工刀在导线外表织物保护层割切一圈,并将其剥离。b.距织物保护层10 mm处,用钢丝钳刀口或斜口钳切割橡皮绝缘层。注意不能损伤芯线,拉下橡皮绝缘层。c.将露出的棉纱层松散开,用电工刀割断,如图1-4-24所示。

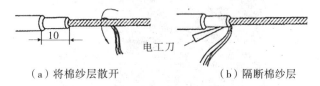

（a）将棉纱层散开　　　　　（b）隔断棉纱层

图1-4-24　花线绝缘层的剖削

⑥铅包线绝缘层的剖削方法和步骤如下。a.用电工刀围绕铅包层切割一圈,如图1-4-25所示。b.用双手来回扳动切口处,使铅层沿切口处折断,把铅包层拉出来,如图1-4-25所示。c.铅包线内部绝缘层的剖削方法与塑料硬线绝缘层的剖削方法相同。

（a）按所需长度剖削　　　（b）折断并拉出铅包层　　　（c）剖削内部绝缘层

图1-4-25　铅包线绝缘层的剖削

4. 配线

1）塑料线槽配线

塑料线槽也是常用的一种配线材料。塑料线槽配线是指将绝缘导线敷设在塑料槽板的线槽内,上面使用盖板把导线盖住,该类配线方式用于控制柜内部配线。

塑料线槽如图1-4-26所示。

图1-4-26　塑料线槽

塑料线槽配线时,其内部的导线填充率及载流导线的根数,应满足导线的安全散热要求,导线平铺在里面即可;配线要求尽可能采用横平竖直的布线方法。

塑料线槽内部配线如图1-4-27所示。

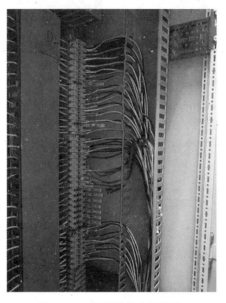

图1-4-27 塑料线槽内部配线

2）金属管配线

金属管配线是指使用金属材质的管制品，将线路敷设于相应的场所，是一种常见的配线方式。采用金属管配线可以使导线能够很好地受到保护，并且能减少因线路短路而发生的火灾。

（1）金属管配线连接，若管路较长或有较多弯头时，则需要适当加装接线盒，通常对无弯头情况时，金属管的长度不应超过30 m；对有一个弯头情况时，金属管的长度不应超过20 m；对有两个弯头情况时，金属管的长度不应超过15 m；对有三个弯头情况时，金属管的长度不应超过8 m。金属管使用长度的规范如图1-4-28所示。

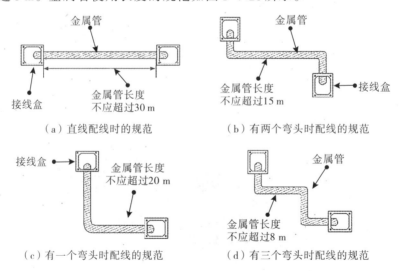

（a）直线配线时的规范　　　　　（b）有两个弯头时配线的规范

（c）有一个弯头时配线的规范　　　（d）有三个弯头时配线的规范

图1-4-28 金属管使用长度的规范

（2）在机器设备或不需要金属管敷线的场合可以使用波纹管，采用波纹管的好处有：① 相对保护电缆外皮不受雨水、油污等影响信号传递的有害物质的影响；② 外观统一、好看；③ 有一定保护电缆外皮的作用。

金属波纹管如图1-4-29所示。

图1-4-29 金属波纹管

三、任务实施

1. 任务说明

本任务要求把图1-4-30所示的电气元件配盘电气原理图转换为实物接线,并在元件配盘上安装电器元件,安装线槽,选择电缆接线、走线;经测试后送电验证指示灯功能。

电气元件配盘电气原理图如图1-4-30所示。

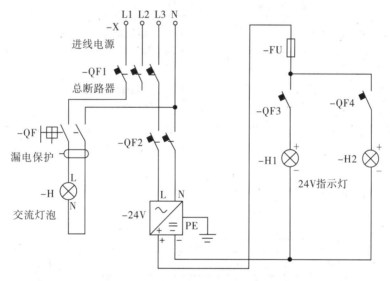

图1-4-30 电气元件配盘电气原理图

1)电气元件配盘电气原理图的电气元件组成

电气元件组成选择是以负载为基础选择的,本任务中负载主要有2个24 V指示灯,1个100 W的灯泡;24 V的指示灯需要使用开关电源才能点亮它们,2个指示灯的功率加起来才4 W,可以选择10 W左右的开关电源足够,但是实际没有那么小的,可以根据实际需要来确定需要多大的开关电源即可。确定完开关电源,确定控制开关电源的低压断路器,选择方法是根据公式计算出所需的最小电流,同理算出控制灯泡的低压断路器所需的最小电流。最后总断路器QF的最小电流是QF2和QF的最小电流之和乘以1.5倍即可。

总结设备的选择流程:①从下到上,具体是指从负载开始,负载的上一级分别是开关电源,开关电源的上一级是低压断路器,低压断路器的上一级是总断路器,需要注意的是上一级和下一级要留有一定的余量,这里选择1.5倍的余量;②同级间选择相同的电流,在本任务中熔断器和开关电源直流输出是相同级别的,根据公式来计算的。

电气设备组成如图1-4-4所示。

表1-4-4 电气设备组成

元件名称	数量	规格型号	备注
低压断路器	1个	5 A,3极	导轨安装
低压断路器	1个	2 A,2极	导轨安装
低压断路器	2个	1 A,1极	导轨安装
漏电保护断路器	1个	2 A,2极	导轨安装
开关电源	1个	100 W	使用螺丝固定在配盘上
低压熔断器	1个	圆筒形帽熔断器,3 A	带导轨安装底座
指示灯	2个	直流24 V DC,2 W	可采用按钮盒安装
灯泡	1个	交流220 V AC,100 W	带灯泡底座
线槽	4米	20×15	使用螺丝或铆钉固定在配盘上
导线	若干	红色、黑色、棕色、蓝色	使用注意电缆的颜色
DIN导轨	4条	35 mm	DIN导轨使用螺丝固定在配盘上
电工工具	若干	螺丝刀、万用表、斜口钳等	

说明:以上电气元件型号不一定要一样,可以选择相近的电气设备,如没有2极2 A的低压断路器,使用2极1 A或3 A也可行,首先是因为负载很小,其次是因为如果发生短路,短路电流至少有10 A以上。

2)配盘元件布置图要求

①同一类型的电器元件安装在一起,断路器、漏电保护断路器不经常操作的一类的需要放置在最上面;②开关电源、熔断器是直流供电的放置在一起;灯泡和指示灯放在一起便于观察;③电缆走线时注意交流和直流不要随意交叉,交流电走配盘左侧,直流电走配盘右侧,并结合相关知识里电缆颜色选取来选择电缆;④布置图一般根据元件的大小和形状绘制出简图并标明元件名称,图1-4-31为配盘元件布置图。

图1-4-31 配盘元件布置图规范

3）配盘元件接线图要求

在位置图的基础上增加元件的接线端子。图1-4-32为需要安装电气元件的电气配盘，绘制位置图的时候需要先测量电气配盘的长宽。

电气配盘如图1-4-32所示。

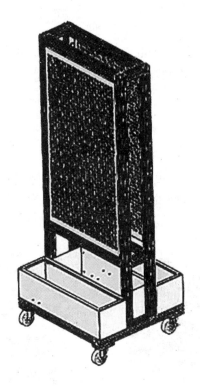

图1-4-32 电气配盘

2. 任务实施步骤

（1）根据电气元件配盘的电气原理图，读懂电气原理图，条理清晰地描述并列出系统控制的控制过程。

（2）绘制电气元件布置图和接线图。

布置图绘制流程：①参考图1-4-31绘制线槽，确定线槽分个距离，确定DIN导轨安装位置；②打开制图软件CADe_SIMu或EPLAN等其他电气制图软件，根据表1-4-4提供的电气元件，绘制电气元件的方框图并标明元件名称，对相同的电气元件需要增加编号以示区别，并合理摆放位置；③绘制完成后需要根据实际元件大小，重新确安装距离是否合适，元件间的散热是否符合散热条件。

接线图绘制流程：①在布置图的基础上，删去线槽和导轨部分，根据每个电器元件实际的接线点增加接线的位置标号；②根据电气原理图绘制接线，绘制接线的顺序要求先交流后直流，直流和分开走；③绘制的线要求横平竖直，走线美观。

说明：在实际工程应用中设备布置图和接线图不是不需要绘制的，但是有绘制这些图可以更加方便地帮助他人完成接线的任务。

（3）搭建电气实物。

搭建流程：①根据元件布置图选择合适的电气元件安装工具，在配盘上安装固定好电气元件、线槽和DIN导轨；②根据元件接线图选择合适的接线工具，搭建电源控制回路；③总断路器合闸前设备状态测试，使用万用表交流 750 V 测量三相电源的电压是否为 380 V，使用万用表的通断挡测试开关电源的正负极有没有短路的故障；④低压断路器 QF2 合闸后使用万用表的直流 200 V 电压挡测量开关电源的电压是否为直流 24 V，注意红表笔和黑表笔的测量位置；⑤验证电源控制的功能，具体为：合闸 QF 灯泡亮，合闸 QF3 指示灯 1 亮，合闸 QF4 指示灯 2 亮。

3. 任务目标

本任务要求达到的任务目标有：①电气控制描述正确，电气元件布置图和接线图正确；②实物接线正确，系统功能验证正确。

四、任务拓展

1. 电缆导轨式接线端子

工业现场的电气控制柜安装固定在电气室，现场控制箱在机械设备上或现场墙壁，通过接线端子可以很好地解决设备间的电气连接，使用最为常见的是导轨式接线端子（见图 1-4-33）。

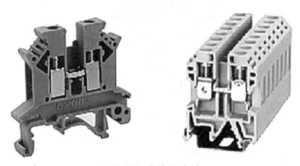

（a）导轨式接线端子

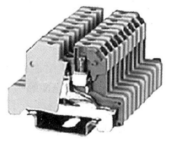

（b）导轨式接地端子

图 1-4-33 导轨式接线端子

导轨式接线端子的分类：①按接线线径大小分为 2.5 mm²、10 mm² 等，例如 2.5 mm² 的接线端子可以只接 0.5～2.5 mm² 的导线；②按电缆类别分可以分为普通接线端子和接地端子，其中接地端子直接和 DIN 导轨相通，连接到控制柜内电气设备的接地线。导轨式接线端子配合数字标条，可以区分每个接线端子，在绘图过程和接线的时候非常有用。

接线端子配合数字表如图 1-4-34 所示。

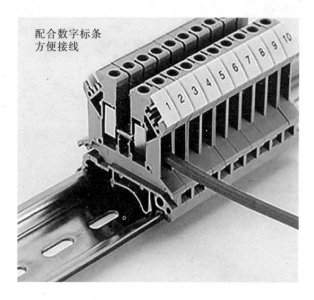

图 1-4-34　接线端子配合数字表

2. 思考与练习

完成图 1-4-35 所示照明箱电气元件配盘。

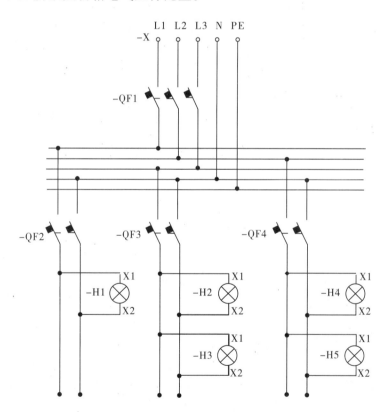

图 1-4-35　照明箱电气原理图

项目二
机电应用控制系统

【学习目标】

知识目标:掌握控制电器的基本工作原理、控制电器的电气符号、安装使用方法及其在工业机器人系统中的作用;掌握常见典型控制电路的电气原理图。

能力目标:能够根据控制要求选择合适型号的控制电器设备;能够根据控制要求绘制出电气原理图,能完成相应的实物接线并能动手调试。

【项目任务】

任务1 工业机器人应用系统启停控制
任务2 工业机器人应用系统顺序控制
任务3 工业机器人系统机床运动控制
任务4 工业机器人焊接冷却水循环控制

本项目包括四个任务。本项目主要介绍控制电器的使用以及典型的控制回路。首先介绍的是电磁继电器(中间继电器)的应用控制和典型的控制电路,如自锁控制;其次介绍的是时间继电器的应用控制和典型的延时控制,再次介绍的是交流接触器及其控制,如正反转控制等;最后介绍计数器和液位继电器的使用及其控制。熟悉这些基础控制电路、锻炼电气电路的逻辑思维对日后的工作学习作用很大。

◀ 任务1 工业机器人应用系统启停控制 ▶

一、任务描述

工业自动化控制过程中,启停控制是必须要实现的功能之一。如何实现启动按钮按下后,系统完成启动并保持运转是本任务的目的。

本任务的要求有:①结合系统启停控制的电气原理图,理解并掌握电磁继电器的自锁控制;②根据提供系统位置图,完成电器设备的安装和电气接线;③调试并验证系统控制功能。

工业机器人控制柜如图2-1-1所示。

图2-1-1 工业机器人控制柜

二、相关知识

1. 电磁继电器

电磁继电器也称中间继电器。电磁继电器是一种电子控制器件,具有控制系统(又称输入回路)和被控制系统(又称输出回路),通常应用于自动控制电路中。它实际上是用较小的电流、较低的电压去控制较大电流、较高的电压的一种"自动开关"。故在电路中起着自动调节、安全保护、中间转换等作用。

电磁继电器如图2-1-2所示。

(a)电磁继电器　　　　(b)电磁继电器和安装底座

图2-1-2 电磁继电器

电磁继电器的主要作用:①当其他继电器的触头数量或触头容量不够时,可借助中间继电器来扩大它们的触头数或增大触头容量,起到中间转换作用(传递、放大、翻转、分路和记忆等);②电磁继电器的触头额定电流比其线圈电流大得多,所以可以用来放大信号。

电磁继电器主要技术参数如下。①额定工作电压是指继电器正常工作时线圈所需要的电压。根据继电器的型号不同,可以是直流电压,如12 V、24 V、48 V等,也可以是交流电压,如110 V、220 V、380 V。②触点切换电压和电流是指继电器允许加载的电压和电流。它决定了继电器能控制的电压和电流大小,使用时不能超过此值,否则很容易损坏继电器的触点。最大容量是:交流10 A、250 V,直流10 A、48 V。

1)电磁继电器的结构原理和电气符号

继电器工作时,电磁铁D和E通电,把衔铁吸下来使A和C接触、A和B断开,工作电路闭合;电磁铁断电时失去磁性,弹簧把衔铁拉起来,切断工作电路,如图2-1-3所示。因此,电磁继电器就是利用电磁铁控制工作电路通断的开关。

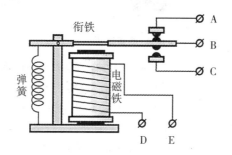

图 2-1-3 电磁继电器结构原理

对继电器的"常开、常闭"触点,可以这样来区分:继电器线圈未通电时处于断开状态的静触点,称为"常开触点";处于接通状态的静触点,称为"常闭触点"。电磁继电器触点的方式是常开—常闭—公共端,称为一组触点。如图2-1-4所示为电磁继电器的电气符号图,文字符号用KA表示。

（a）线圈　　　　（b）常开触点　　　　（c）常闭触点

图 2-1-4 电磁继电器的电气符号

2)电磁继电器的使用

电磁继电器在控制电路中给线圈两端加上直流电压,线圈中就会流过一定的电流,从而产生电磁效应,衔铁就会在电磁力吸引的作用下克服返回弹簧的拉力吸向铁芯,从而带动衔铁的动触点与静触点(常开触点)吸合,使工作电路接通;当线圈断电后,电磁的吸力也随之消失,衔铁就会受到弹簧的反作用力而返回原来的位置,常开触点断开,工作电路断开。如图2-1-5所示为电磁继电器使用原理图。

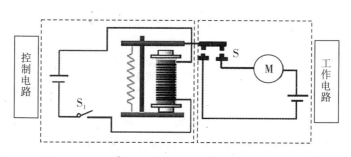

图 2-1-5 电磁继电器使用原理图

3）电磁继电器的安装与接线

电磁继电器由电磁继电器本体和底座组成，底座的作用是把电磁继电器本体引脚引出到底座接线端子上，方便接线，电磁继电器一般安装在导轨上，如图2-1-6所示。

图 2-1-6 电磁继电器的安装

电磁继电器主要分为8脚和14脚电磁继电器，其中8脚电磁继电器有2组常开常闭触点，14脚的有4组常开常闭触点，如图2-1-7所示。其中8脚接线的含义如下：①1-5-9是一组常开常闭触点，1-9是常闭触点，5-9是常开触点，9是公共端；②4-8-12是另外一组常开常闭触点，4-12是常闭触点，8-12是常开触点，12是公共端；③图2-1-7中13-14是直流线圈供电，14是正极，13是负极，正负极千万不能接错，如果是交流线圈，则不区分正负极；④14脚的解读方法一样，只是多了2组常开常闭触点；⑤在电磁继电器底座的每个螺钉接线附近都标有引脚号，接线的时候须仔细观察。

电磁继电器的典型接线图如图2-1-8所示。

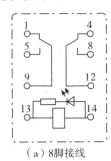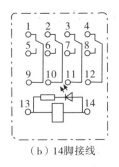

（a）8脚接线　　　　（b）14脚接线

图 2-1-7 电磁继电器的引脚图

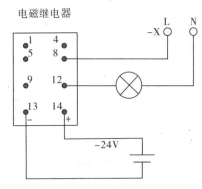

图 2-1-8 电磁继电器的典型接线图

4）电磁继电器的选用

电磁继电器的选用：①根据控制电路的电源电压选择线圈电压，通常选择直流24 V或者交流220 V；②根据被控制电路中的电压和电流，如果被控制电路电流超过10 A则应该选择其他方式来实现控制；③根据控制需要的触点组数，一般有2组和4组供可选。

电磁继电器使用注意：①电磁继电器控制线圈通电的回路，除了串联接入触点通断类型的设备（如按钮、开关等），不得串联其他任何设备（如指示灯、其他电磁继电器线圈），否则会造成电磁继电器线圈电压被分压而不能吸合控制；②如果要控制两个和两个以上的电磁继电器线圈需采用两个线圈并联的方式控制。

电磁继电器线圈的并联控制如图 2-1-9 所示。

5）固态继电器

固态继电器（SSR）是一种没有机械运动，不含运动零件的继电器，但具有与电磁继电器本质上相同的功能。SSR 是一种全部由固态电子元件组成的无触点开关元件。它利用电子元器件的电、磁和光特性来完成输入与输出的隔离；利用大功率三极管、功率场效应管、单向可控硅或双向可控硅等器件的开关特性，无触点、无火花地接通和断开被控电路。

固态继电器如图 2-1-10 所示。

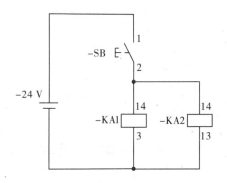

图 2-1-9 电磁继电器线圈的并联控制

图 2-1-10 固态继电器

固态继电器的特点：敏捷度高、控制功率小、寿命比较长、切换速度快，用时几毫秒至几微秒。大多数交流输出固态继电器是一个零电压开关，在零电压处导通，零电流处关断，减少了电流波形的溘然间断，从而减弱了开关瞬态效应。因为管压降大，导通后的功耗和发热量也大，大功率固态继电器的体积远大于同容量的电磁继电器，成本也较高。

固态继电器接线图如图 2-1-11 所示。

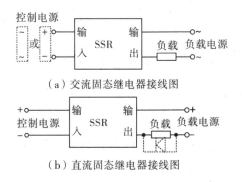

（a）交流固态继电器接线图

（b）直流固态继电器接线图

图 2-1-11 固态继电器接线图

2. 点动控制

电磁继电器的点动控制是指按下启动按钮后，电磁继电器的线圈立马得电，同时触点吸合（常开触点闭合、常闭触点断开）；当松开按钮后电磁继电器的线圈立马失电，同时其触点断开。图 2-1-12 所示为点动控制的电气原理图。

点动控制控制原理：①合闸低压断路器QF，开关电源开始工作，提供系统直流24 V电源；②当按下按钮SB后，电磁继电器的线圈14-13两端有24 V DC电压，电磁继电器线圈吸合；③电磁继电器吸合后其常开触点5-9闭合，指示灯H两端有24 V DC电压，指示灯被点亮；④当松开按钮SB后，电磁继电器的线圈失电，同时其触点5-9断开，指示灯熄灭。

3. 自锁控制

电磁继电器的自锁控制是指按下启动按钮后，电磁继电器的线圈立马得电，同时触点吸合（常开触点闭合、常闭触点断开）；当松开按钮后电磁继电器的线圈不失电并可保持，同时其触点不断开并可保持。图2-1-13所示是自锁控制的电气原理图。

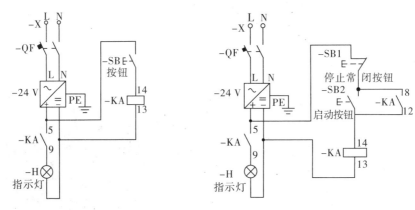

图2-1-12 点动控制的电气原理图　　　图2-1-13 自锁控制的电气原理图

自锁控制控制原理：①合闸低压断路器QF，开关电源开始工作，提供系统直流24 V电源；②当按下按钮SB后，电磁继电器的线圈14-13两端有24 V DC电压，电磁继电器吸合；③电磁继电器吸合后其常开触点5-9闭合，指示灯H两端有24 V DC电压，指示灯被点亮；同时电磁继电器的另外一组常开触点8-12闭合，形成自锁；④当松开按钮SB后，电流从电流从磁继电器的8-12触点经过，替代按钮SB，电磁继电器线圈仍然得电。

4. 启保停控制

电磁继电器的启保停控制是指按下启动按钮后，电磁继电器的线圈立马得电，同时触点吸合（常开触点闭合、常闭触点断开）；当松开按钮后电磁继电器的线圈不失电并可保持，同时其触点不断开并可保持；当按下停止按钮后电磁继电器的线圈立马失电，同时其触点断开。图2-1-14所示是启保停控制的电气原理图。

启保停动控制控制原理：①合闸低压断路器QF，开关电源开始工作，提供系统直流24 V电源；②当按下按钮SB后，电磁继电器的线圈14-13两端有24 V DC电压，电磁继电器吸合；③电磁继电器吸合后其常开触点5-9闭合，指示灯H两端有24 V DC电压，指示灯被点亮；同时电磁继电器的另外一组常开触点8-12闭合，形成自锁；④当松开按钮SB后，电流从电流从磁继电器的8-12触点经过，电磁继电器线圈仍然得电。⑤当按下停止常闭按钮后，电磁继电器线圈失电，同时其两组触点5-9和8-12均断开。

三、任务实施

1. 任务说明

本任务要实现直流24 V电压控制交流220 V灯泡的启保停控制，根据电气原理图，在元件配盘上安装，经测试后验证系统灯泡被点亮的功能。系统启停控制使用电磁继电器实现启保停控制，开关电源提供直流配电，低压断路器实现交流配电和电源保护功能，低压熔断器作为直流供电的短路保护。

系统启停控制电气原理图如图2-1-15所示。

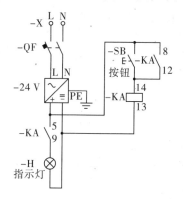

图 2-1-14 启保停控制的电气原理图

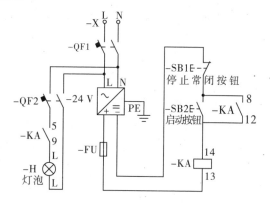

图 2-1-15 系统启停控制电气原理图

电气设备组成如表2-1-1所示。

表 2-1-1 电气设备组成

元件名称	数量	规格型号	备注
低压断路器	2个	1 A，2 极	或采用漏电保护断路器
开关电源	1个	100 W	
低压熔断器	1个	圆筒形帽式熔断器，3 A	带导轨安装底座
电磁继电器	1个	直流线圈24 V DC，8 脚	带底座
灯泡	1个	交流 220 V AC，100 W	带灯泡底座
按钮	2个	Φ22，常开常闭自复位各1个	使用按钮盒安装
线槽	4米	20×15	使用螺钉或铆钉固定在配盘上
导线	若干	红色、黑色、棕色、蓝色	使用时注意电缆的颜色
DIN 导轨	4条	35 mm	DIN 导轨使用螺钉固定在配盘上
电工工具	若干	螺丝刀、万用表、斜口钳等	

说明:对于低压断路器和低压熔断器可以寻找近似的规格来灵活处理;电磁继电器如果没有8脚的,则使用14脚的是可行的;如果没有交流灯泡,可以使用直流灯泡来替代,但是需要注意使用直流电源。

2. 任务实施步骤

(1)结合系统启停控制电气原理图,读懂电气原理,条理清晰地描述并列出系统电源控制的控制过程,注意描述自锁控制回路。

(2)搭建电气实物。

搭建流程:①选择合适的电气安装工具,在配盘上安装固定好电器元件、线槽和DIN导轨;②根据电气原理图选择合适的电气接线工具,搭建控制回路。

(3)系统启停控制功能验证。

验证流程:①总断路器QF1合闸前设备状态测试,使用万用表交流750 V测量单相电源的电压是否为220 V,使用万用表的通断挡测试开关电源的正负极有没有短路的故障;②按下启动按钮,观察电磁继电器的触点有没有吸合(电磁继电器吸合会有指示灯亮并且伴有清脆的一声响),松开启动按钮注意观察电磁继电器有没有断开;③按下停止按钮注意观察电磁继电器触点有没有断开,如果前三步均正确,则进行第4步;④低压断路器QF2合闸后使用万用表的交流750 V挡测量输出电源的电压是否为220 V;⑤按下启动按钮,观察灯泡能否发光,松开启动按钮,注意观察灯泡能否持续发光;⑥按下停止按钮,观察灯泡是否熄灭。

3. 任务目标

本任务要求达到的任务目标有：①电气控制描述正确，自锁控制描述正确；②实物接线正确，系统功能验证正确。

四、任务拓展

1. 电磁继电器的常见故障分析

电磁继电器的常见故障分析如表2-1-2所示。

表2-1-2　电磁继电器的常见故障分析

故障现象	可能原因	排除方法
线圈不吸合	①控制电源出现问题；②接线错误；③线圈烧毁	①使用万用表测量电源电压，并检查线路；②对照电气原理图，仔细检查每一根线接线是否正确，必要时拆下重新接；③使用万用表通断挡测量电磁继电器线圈，一般线圈有少许电阻值，如果通断挡显示电阻值很大或值是无穷大时可以确定是线圈烧毁，需要更换电磁继电器
线圈吸合，但触点不吸合	①线圈电压小于线圈额定电压的85%；②触点弹簧松动或线圈未吸合	①使用万用表测量线圈电压，并检查线路；②此种问题属于电磁继电器已经损坏，需要更换电磁继电器

2. 思考与练习

请完成既能实现点动控制又能实现启保停控制功能的指示灯控制，具体请参考附件1。

任务2　工业机器人应用系统顺序控制

一、任务描述

在工业控制系统中，顺序控制应用非常广泛，例如搬运机械手的运动控制、包装生产线的控制、交通信号灯的控制等。顺序控制的典型应用为：一台设备启动后，间隔一定的时间第二台设备才能启动，对后面的设备可以依此类推。这种顺序控制可以有效减少设备启动对电网的冲击，可以有效防止多台设备因为启动瞬间系统电流过大而引起系统跳闸的事故。在工业生产控制中，这是非常有必要的一种控制方式。

本任务的要求有：①结合系统顺序控制的电气原理图，理解并掌握时间继电器的延时控制；②在电气配盘上完成电器设备的安装和电气接线；③调试并验证系统控制功能。

自动顺序控制生产流水线如图2-2-1所示。

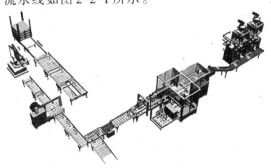

图2-2-1　自动顺序控制生产流水线

二、相关知识

1. 时间继电器

时间继电器是指加入（或去掉）输入的动作控制信号后，其输出电路需经过规定的准确时间才产生跳跃式变化（或触头动作）的一种继电器。它也是一种使用在较低的电压或较小电流的电路上，用来接通或切断较高电压、较大电流电路的电气元件。

时间继电器是电气控制系统中一个非常重要的元器件。在许多控制系统中，需要使用时间继电器来实现延时控制。时间继电器是一种利用电磁原理或机械动作原理来延迟触头闭合或分断的自动控制电器。其特点是，自吸引线圈得到信号起至触头动作中间有一段延时。时间继电器一般用于以时间为函数的电动机启动过程控制。

时间继电器如图 2-2-2 所示。

（a）八角时间继电器　　（b）导轨式时间继电器　　（c）数字时间继电器

图 2-2-2 时间继电器

1）时间继电器的分类

根据延时方式的不同，时间继电器可分为通电延时型和断电延时型两种。①通电延时型时间继电器在获得输入信号后立即开始延时，需待延时完毕，其执行部分才输出信号以操纵控制电路；当输入信号消失后，继电器立即恢复到动作前的状态。②断电延时型时间继电器恰恰相反，当获得输入信号后，执行部分立即有输出信号；而在输入信号消失后，继电器却需要经过一定的延时，才能恢复到动作前的状态。

2）时间继电器的结构原理和电气符号

当线圈通电时，铁芯吸引使得衔铁和托板下移，瞬间动作触点接通或断开。活塞杆和杠杆由于受阻尼作用影响缓慢下降，一定时间后，活塞下降到一定的位置，便通过杠杆推动延时动作触点发生动作，常开触点闭合，常闭触点断开。时间继电器的延时时间是线圈通电到延时触点完成动作的时间。当线圈断电时，继电器依靠弹簧的恢复而复原。

空气式时间继电器工作原理图如图 2-2-3 所示。

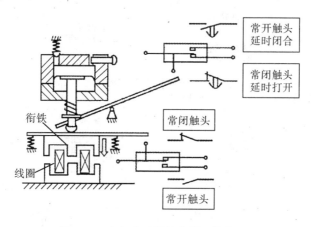

图 2-2-3 空气式时间继电器工作原理图

时间继电器动作过程:线圈通电→衔铁吸合(向下)→连杆动作→触头动作。图2-2-4所示为时间继电器的电气符号,文字符号用KT表示。

图 2-2-4 时间继电器电气符号

3)时间继电器的安装与接线

时间继电器的安装与接线:一般较为常见的是其自身与定时器底座的组合。八角时间继电器及其安装与接线如图2-2-5所示。

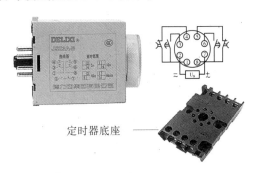

1-3-4为一组延时触点,1-3为常开,1-4为常闭,1是公共端,2-8是电源。如果是直流线圈则8接正极,2接负极

定时器底座

图 2-2-5 八角时间继电器及其安装与接线

注意:面板式安装为(a)—(b)—(c)—(d)—(e)—(f);导轨式安装为(a)—(g)—(h)—(i);装置式安装为(a)—(j)—(k)—(l)。时间继电器安装图解如图2-2-6所示。

无底座的时间继电器的特点是较有底座的时间继电器体积小巧,方便在控制柜内紧凑安装。导轨式时间继电器及其控制接线如图2-2-7所示。

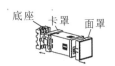

(a)先取下面罩和底座,然后取下卡罩

(b)按底座顺序号接上导线并拧紧接线螺钉

(c)将继电器装入面板

(d)装上卡罩,卡罩与面板应卡紧

(e)如卡罩无法卡紧,可用螺丝刀将螺钉与面板加以拧紧

(f)装上底座,上插的凸台应对准底座的凹槽

(g)将底座扣入导轨

(h)按底座顺序号接上导线并拧紧接线螺钉

(i)装上继电器,上插的凸台应对准底座的凹槽

(j)拧紧安装螺钉

(k)按底座顺序号接上导线并拧紧接线螺钉

(l)装上继电器,上插的凸台应对准底座的凹槽

图 2-2-6 时间继电器安装图解

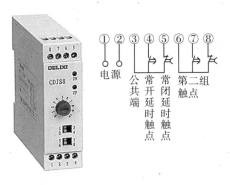

图 2-2-7 导轨式时间继电器及其控制接线

4）时间继电器的应用

下面以某型号的时间继电器为例说明时间的继电器的过程。图 2-2-8 所示为该型号时间继电器的接线图。

通过开关控制时间继电器线圈的通断，线圈得电后时间继电器开始工作，定时的时间到后触点 6～8 之间接通，灯泡被点亮；开关断开后，时间继电器线圈失电，触点断开，灯泡熄灭。

时间继电器的典型应用如图 2-2-9 所示。

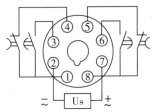
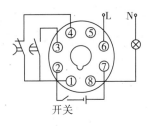

图 2-2-8 通电延时时间继电器　　　图 2-2-9 时间继电器的典型应用

注意：时间继电器一般可以通过断开通电延时时间继电器的线圈电源实现时间继电器的复位，再次上电即可重新开始计时；断电延时时间继电器采用断电自复位方式复位，即时间到后自动复位。

5）时间继电器的选用

时间继电器的选用步骤：①选择时间继电器线圈电压类型，如直流 24 V、交流 220 V、交流 380 V 等；②根据系统的控制方式选择通电延时时间继电器还是断电延时时间继电器，需要注意两种定时的复位方式不一样，应谨慎选择；③根据定时时间长短和定时的精度合理选择时间继电器的类型和型号，在定时时间精度要求不高的场合可以选用空气阻尼式时间继电器，在精度要求较高的场合选用电子式时间继电器。

2. 延时点动控制

1）通电延时点动控制

通电延时点动控制（见图 2-2-10）是指按下启动按钮后，时间继电器开始计时，时间到后时间继电器触点延时触点接通，指示灯立马被点亮；松开按钮后指示灯立马熄灭。

通电延时点动控制原理：①合闸低压断路器 QF，开关电源开始工作，提供系统直流 24 V 电源；②当按下按钮 SB 后，时间继电器的线圈 7-2 两端有 24 V DC 电压，时间继电器线圈吸合；③时间继电器吸合开始计时，计时时间到，时间继电器常开触点 6-8 闭合，指示灯 H 两端有 24 V DC 电压，指示灯被点亮；④当松开按钮 SB 后，时间继电器的线圈失电，同时其触点 6-8 断开，指示灯熄灭。

2）断电延时点动控制

断电延时点动控制是指按下启动按钮后，时间继电器触点立马动作，指示灯立马被点亮；当松开按钮后时间继电器开始计时，时间到后时间继电器触点断开，指示灯立马熄灭。

断电延时点动控制如图2-2-11所示。

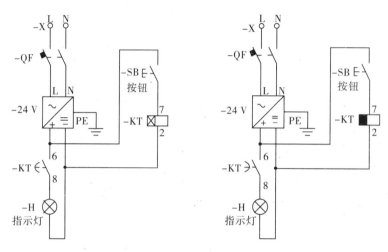

图2-2-10 通电延时点动控制　　　　图2-2-11 断电延时点动控制

断电延时点动控制原理：①合闸低压断路器QF，开关电源开始工作，提供系统直流24 V电源；②当按下按钮SB后，时间继电器的线圈7-2两端有24 V DC电压，时间继电器线圈吸合；③时间继电器线圈吸合后，时间继电器常开触点6-8立即闭合，指示灯H两端有24 V DC电压，指示灯被点亮；④当松开按钮SB后，时间继电器的线圈失电，断电延时时间继电器开始计时，定时时间到后其触点6-8断开，指示灯熄灭。

3. 延时启保停控制

时间继电器以通电延时使用较多，本例以通电延时时间继电器为例说明时间继电器自锁控制。时间继电器的自锁控制由两种方式。①通过时间继电器本身的触点来实现自锁，这是因为这种时间继电器有2种触点，分别是延时触点和普通触点。普通触点和电磁继电器的触点一样，线圈得电其触点立马动作，线圈失电其触点立马复位；延时触点是在线圈通电后经过定时时间才能动作或者复位的。②与电磁继电器配合使用实现自锁控制。

有2种触点的时间继电器，如图2-2-12所示。

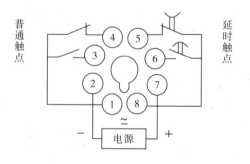

图2-2-12 有2种触点的时间继电器

1）通过时间继电器本身的触点来实现启保停控制

通过时间继电器本身的触点来实现启保停控制，是指按下启动按钮后时间继电器开始计时，计时时间到，其触点动作并可以保持住，直至按下停止按钮。

时间继电器本身触点启保停控制如图 2-2-13 所示。

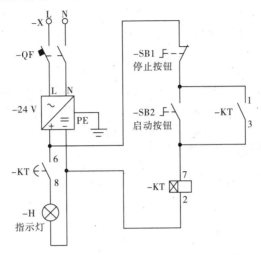

图 2-2-13 时间继电器本身触点启保停控制

时间继电器本身触点启保停控制的控制原理：①合闸低压断路器 QF，开关电源开始工作，提供系统直流 24 V 电源；②当按下启动按钮 SB2 后，时间继电器的线圈 7-2 两端有 24 V DC 电压，时间继电器线圈吸合；③时间继电器吸合后，时间继电器的常开触点 1-3 立即闭合，当启动按钮松开后，电流经过 1-3，时间继电器线圈仍然得电，系统形成自锁；④时间继电器吸合的同时，时间继电器开始计时，计时时间到时间继电器常开触点 6-8 闭合，指示灯 H 两端有 24 V DC 电压，指示灯被点亮；④当按下停止按钮 SB1 后，时间继电器的线圈失电，同时其普通触点 1-3 和延时触点 6-8 均断开，指示灯熄灭。

2）与电磁继电器配合来实现启保停控制

与电磁继电器配合的启保停控制（见图 2-2-14）是指按下启动按钮后，电磁继电器和时间继电器线圈均得电，电磁继电器实现自锁功能，时间继电器实现延时功能，直至按下停止按钮系统控制停止。

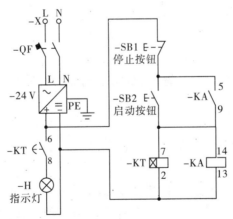

图 2-2-14 与电磁继电器配合的启保停控制

与电磁继电器配合的启保停控制的控制原理：①合闸低压断路器 QF，开关电源开始工作，提供系统直流 24 V 电源；②当按下启动按钮 SB2 后，时间继电器的线圈 7-2 两端有 24 V DC 电压，时间继电器线圈吸合；电磁继电器的线圈 14-13 两端有 24 V DC 电压，电磁继电器线圈吸合；③电磁继电器吸合后，电磁继电器的常开触点 5-9 立即闭合，当启动按钮松开后，电流经过 5-9，时间继电器线圈和电磁继电器线圈仍然得电，系统形成自锁；④时间继电器吸合后,时间继电器开始计时,计时时间到,时间继电器常开触点6-8闭合,指示灯H两端有24 V DC电压,指示灯被点亮;⑤当按下停止按钮SB1后,电磁继电器线圈失电,同时其触点复位,自锁消失;时间继电器的线圈失电,同时其延时触点6-8断开,指示灯熄灭。

4. 双灯延时控制

双灯延时控制是指按下启动按钮后,指示灯1立即被点亮,并保持住;经过一定的时间后指示灯2被点亮,并保持住;当按下停止按钮后所有的指示灯均熄灭。

注意:由于本身有两种触点的时间继电器较少见,而且时间继电器最重要的目的是时间控制,所以通常采用与电磁继电器配合实现电路的自锁控制。

双灯延时控制电气原理图如图2-2-15所示。

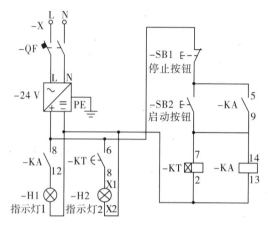

图2-2-15 双灯延时控制电气原理图

双灯延时控制的控制原理:①合闸低压断路器QF,开关电源开始工作,提供系统直流24 V电源;②当按下启动按钮SB2后,时间继电器的线圈7-2两端有24 V DC电压,时间继电器线圈吸合;电磁继电器的线圈14-13两端有24 V DC电压,电磁继电器线圈吸合;③电磁继电器吸合后,电磁继电器的常开触点5-9和另一组常开触点8-12立即闭合,当启动按钮松开后,电流经过5-9,时间继电器线圈和电磁继电器线圈仍然得电,系统形成自锁;另一组触点8-12闭合,指示灯H1两端有24 V DC电压,指示灯H1被点亮;④时间继电器吸合后,时间继电器开始计时,计时时间到,时间继电器常开触点6-8闭合,指示灯H2两端有24 V DC电压,指示灯H2被点亮;⑤当按下停止按钮SB1后,电磁继电器线圈失电,同时其触点复位,自锁消失并且指示灯H1熄灭;时间继电器的线圈失电,同时其延时触点6-8断开,指示灯H2熄灭。

三、任务实施

1. 任务说明

本任务要求实现按下启动按钮后3个指示灯依次被点亮,按下停止后3个灯均熄灭的控制,根据系统顺序控制电气原理图,明确系统控制原理和控制方式,并将系统顺序控制电气原理图转换为实物接线图,在元件配盘上安装电器元件和线槽,选择合适的电缆接线、走线;经测试后送电验证系统功能。系统顺序控制使用电磁继电器实现启保停控制,使用2个时间继电器来延时控制3个指示灯的依次点亮功能,使用开关电源提供直流配电,低压断路器实现交流配电和电源保护功能,低压熔断器作为直流供电的短路保护。

注意:2个时间继电器要顺序控制,即第1个时间继电器计时时间到,启动第2个时间继电器的线圈,使其工作计时。

系统顺序控制电气原理图如图2-2-16所示。

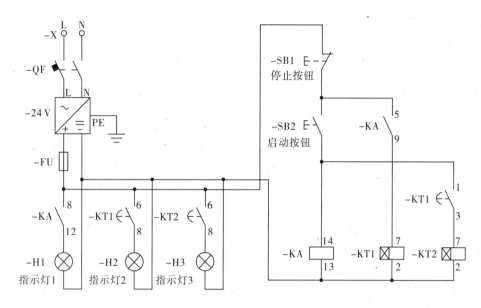

图2-2-16 系统顺序控制电气原理图

1）系统顺序控制电气原理图的电气元件组成

系统顺序控制电气设备组成如表2-2-1所示。

表2-2-1 系统顺序控制电气设备组成

元件名称	数量	规格型号	备注
低压断路器	1个	1 A，2极	或采用漏电保护断路器
开关电源	1个	100 W	额定电流1 A以上均可
低压熔断器	1个	圆筒形帽熔断器，3 A	带导轨安装底座
电磁继电器	1个	直流线圈24 V DC、8脚	带底座
时间继电器	2个	通电延时、直流线圈24 V DC、8脚	带底座
指示灯	3个	直流24 V DC，2 W	可采用按钮盒安装
按钮	若干	Φ22，常开常闭自复位各1个	使用按钮盒安装
线槽	4米	20×15	使用螺钉或铆钉固定在配盘上
导线	若干	红色、黑色、棕色、蓝色	使用注意电缆的颜色
DIN导轨	4条	35 mm	DIN导轨使用螺钉固定在配盘上
电工工具	若干	螺丝刀、万用表、斜口钳等	

说明：对低压断路器和低压熔断器可以寻找近似的规格来灵活处理；电磁继电器如果没有8脚的，则使用14脚的是可行的；时间继电器也可以使用断电延时的时间继电器，完成3个灯依次熄灭的控制任务。

2. 任务实施步骤

（1）结合系统顺序控制电气原理图，读懂电气原理，条理清晰地描述并列出系统控制的控制过程，注意描述自锁控制回路、2个时间继电器启动过程和启动顺序。

说明：如果采用依次熄灭的控制任务，则需要说明启动过程和停止顺序。

（2）搭建电气实物。

搭建流程：①选择合适的电气安装工具，在配盘上安装固定好电气元件、线槽和DIN导轨；②根据电气原理图选择合适的电气接线工具，搭建控制回路。

（3）系统顺序控制功能验证。

验证流程：①低压断路器QF合闸前设备状态测试，使用万用表交流750 V挡测量单相电源的电压是否为220 V，使用万用表的通断挡测试开关电源的正负极有没有短路的故障；②低压断路器合闸后，使用万用表直流200 V挡测量开关电源输出电压是否为24 V；③按下启动按钮，观察指示灯1有没有被点亮，松开启动按钮，观察指示灯是否可以保持点亮的状态；④如果指示灯1成功被点亮并可以保持，等待时间继电器1设定的时间后，注意观察指示灯2可否被点亮；⑤待时间继电器2设定的时间到后，注意观察指示灯3可否被点亮；⑥等待一段时间，观察所有的等能否均能保持点亮的状态；⑦按下停止按钮，观察3个指示灯是否均熄灭。

3. 任务目标

本任务要求达到的任务目标有：①自锁控制描述正确，顺序控制描述正确；②实物接线正确，系统功能验证正确。

四、任务拓展

1. 时间继电器的分类

时间继电器可以分为电子式时间继电器、空气阻尼式时间继电器、直流电磁式时间继电器、电动式时间继电器等。其中电子式时间继电器使用最多，下面对时间继电器作简要的说明。

1）电子式时间继电器

电子式时间继电器（见图2-2-17）是按电阻尼特性获得延时，具有延时精度高（5%）、体积小、调节方便等特点。电子式时间继电器是目前使用最为广泛的时间继电器。图2-2-2中均属于电子式时间继电器。

2）空气阻尼式时间继电器

空气阻尼式时间继电器（见图2-2-18）又称气囊式继电器，其通过调节延时螺钉，即可调节进气孔的大小，从而得到不同的延时时间。进气孔大，气量多，延时时间就短；进气孔小，气量少，延时时间就长。其缺点是延时误差较大，延时整定没有刻度，调节比较困难。空气阻尼时间继电器在早期机床等需要时间控制的地方使用，其结构简单，价格相对较低。

图2-2-17 电子式时间继电器

图2-2-18 空气阻尼式时间继电器

3）直流电磁式时间继电器

直流电磁式时间继电器（见图2-2-19）的延时整定：通过改变非磁性垫片的厚度来获得，调用调节释放弹簧、反作用弹簧来实现。其特点是结构简单，价格也较便宜，但只有释放延时确作,且延时较短(一般只有 15 秒),精度不高。它一般使用在直流电源控制系统中。

4)电动机式时间继电器

电动机式时间继电器(见图 2-2-20)是利用微型同步电动机带动减速齿轮系获得延时的。其特点是延时范围宽,可达 72 小时,延时精度可达 1%,同时延时值不受电压波动和环境温度变化的影响。电动机式时间继电器的延时范围与精度是其他时间继电器无法比拟的,其缺点是结构复杂、体积大、寿命短、价格贵,精度受电源频率影响。

图 2-2-19 直流电磁式时间继电器   图 2-2-20 电动机式时间继电器

2. 思考与练习

请完成彩灯控制系统的设备安装、接线盒系统功能的验证,具体请参考附件 2。

◀ 任务3 工业机器人系统机床运动控制 ▶

一、任务描述

工业机器人机床运动控制在实际应用中非常常见,如主轴的启停及正反转控制,钻床钻头正反转控制等,使用交流接触器控制电机的正反转运动是本次的重要任务。

本任务的要求有:①根据机床运动控制的电气原理图,理解并掌握交流接触器的正反转控制、自锁和互锁控制;②在电气配盘上完成电器设备的安装和电气接线;③调试并验证系统控制功能。

钻床如图 2-3-1 所示。

图 2-3-1 钻床

二、相关知识

1. 交流接触器

接触器（见图2-3-2）：接触器分为交流接触器和直流接触器，广义上是指工业电路中利用线圈流过电流产生磁场，使触头闭合，以达到控制负载的电器。在电工学上，因为可快速切断交流与直流主回路和可频繁地接通与大电流控制（可达800 A）电路的装置，所以经常运用于电动机作为控制对象，也可用作控制工厂设备。

（a）交流接触器　　　　　　　　　　（b）直流接触器

图 2-3-2 接触器

交流接触器的功能：交流接触器不仅能接通和切断电路，而且具有低电压释放保护作用。接触器控制容量大，适用于频繁操作和远距离控制，是自动控制系统中的重要元件之一。

1）交流接触器的结构原理和电气符号

（1）交流接触器组成。

交流接触器由电磁机构和触头系统组成，电磁机构由线圈、动铁芯（衔铁）和静铁芯组成，触头系统由主触头和辅助触头组成。主触头用于通断主电路，辅助触头用于控制电路中，辅助触头有常开辅助触头和常闭辅助触点，如图2-3-3所示为交流接触器原理图。

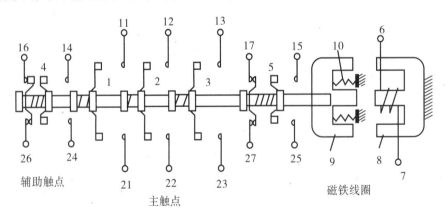

图 2-3-3 交流接触器结构原理图

（2）交流接触器的工作原理。

当交流接触器线圈通电时，铁芯被磁化，吸引衔铁向下运动，使得主触头闭合，电源接通，并且同时辅助常闭触头断开，辅助常开触头闭合。当线圈断电时，磁力消失，在反力弹簧的作用下，衔铁回到原来位置，使主触头恢复到原来状态，切断电源，同时辅助触头恢复到原来的状态，称为触头复位。如图2-3-4所示为交流接触器控制工作原理图。

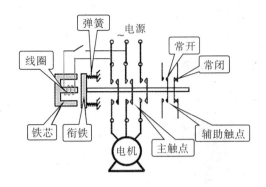

图 2-3-4 交流接触器工作原理图

（3）交流接触器可高频率操作，最高操作频率可达每小时1200次，机械设备寿命通常为数百万次至一千万次，电气设备寿命一般则为数十万次至数百万次，在工业控制领域使用非常的广泛。熟练掌握交流接触器电气符号并灵活运用，在电气图纸绘制或设计过程中意义重大。如图 2-3-5 所示为交流接触器电气符号图，文字符号用 KM 表示。

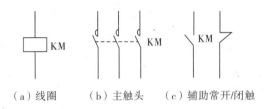

（a）线圈　　（b）主触头　　（c）辅助常开/闭触

图 2-3-5 交流接触器电气符号

注意：常开触点一般使用 NO（normal open）表示，常闭触点一般使用 NC（normal close）表示。

2）交流接触器的基本参数

（1）线圈额定电压：也称线圈控制电压，是交流接触器正常工作时，吸引线圈上所加的电压值。一般该电压为交流 24 V、交流 36 V、交流 110 V、交流 220 V、交流 380 V，较常用的是交流 220 V、交流 380 V。

（2）额定电流：交流接触器触点在额定工作条件下的电流值。380 V 三相电动机控制电路中，额定工作电流可近似等于控制功率的两倍。常用额定电流等级为 5 A、10 A、20 A、40 A、60 A、100 A、150 A、250 A、400 A、600 A。

（3）通断能力：分为最大接通电流和最大分断电流。最大接通电流是指触点闭合时不会造成触点熔焊时的最大电流值；最大分断电流是指触点断开时能可靠灭弧的最大电流。一般通断能力是额定电流的 5～10 倍。当然，这一数值与开断电路的电压等级有关，电压越高，通断能力越小。

（4）动作值：分为吸合电压和释放电压。吸合电压是指接触器吸合前，缓慢增加吸合线圈两端的电压，接触器可以吸合时的最小电压。释放电压是指接触器吸合后，缓慢降低吸合线圈的电压，接触器释放时的最大电压。一般规定，吸合电压不低于线圈额定电压的85%，交流接触器磁铁才能吸合；释放电压不高于线圈额定电压的70%，交流接触器磁铁才能复位。

（5）操作频率：接触器在吸合瞬间，吸引线圈需消耗比额定电流大 5～7 倍的电流，如果操作频率过高，则会使线圈严重发热，直接影响接触器的正常使用。为此，规定了接触器的允许操作频率，一般为每小时允许操作次数的最大值。

（6）寿命：包括电气寿命和机械寿命。目前接触器的机械寿命已达 1000 万次，电气寿命是机械寿命的5%～20%。

交流接触器接线结构如图2-3-6所示。

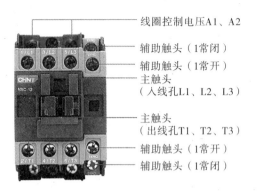

线圈控制电压A1、A2
辅助触头（1常闭）
辅助触头（1常开）
主触头
（入线孔L1、L2、L3）
主触头
（出线孔T1、T2、T3）
辅助触头（1常开）
辅助触头（1常闭）

图2-3-6 交流接触器接线结构

3）交流接触器的选择

（1）选择线圈额定电压。

选择线圈电压根据控制回路灵活选择，通常使用较多的是220 V AC和380 V AC，如果没有要求或规定首先选择线圈额定电压为220 V AC的交流接触器，因为在用电过程中380 V交流电较220 V交流电电压高，使用更加危险。

（2）选择交流接触器的额定电流。

在选择交流接触器的额定电流，要计算控制负载所需的最小电流。对单相交流电根据公式来计算，对三相交流电也根据公式来计算。

注意：公式里功率乘0.7主要是考虑交流接触器制造的质量有缩水的成分，为了保证设备的正常安全运行，适当扩大交流接触器的容量。

（3）选择辅助触点。

交流接触器自带的辅助触点有三种形式：1组辅助常开触点、1组辅助常闭触点、辅助常开和常闭点各1组。选择时可以根据需要选择任一种形式；如果在辅助触点不够可以额外增加辅助触点。交流接触器辅助触头如图2-3-7所示。

4）交流接触器的安装与接线

（1）交流接触器的安装。

交流接触器安装在DIN导轨上，如图2-3-8所示。卡进去后最好摇动一下避免虚装。

交流接触器主触点
线圈接线和本身辅助触头
增加的辅助触头

图2-3-7 交流接触器辅助触头　　　　图2-3-8 交流接触器的安装

（2）交流接触器的接线。

交流接触器通过螺钉压紧铜芯线头来接线，需要注意的事项如下。①主触点、常开触点和常闭触点上下对应，接线要对应着接，切不可随意错乱接。②对单相负载，主触头进线孔选择任意两根接入，但是出线控一定要对应着接；如图2-3-9（a）典型单相供电所示。③对三相电源除了主触头进线和出现对应接外，对低压负载不一定要选择380 V的线圈电压,但是高压负载一定要选择380 V线圈电压,如图2-3-9(b)所示。原因是380 V线圈匝数多、电压高,所产生的吸力更大,能够分断大电流。

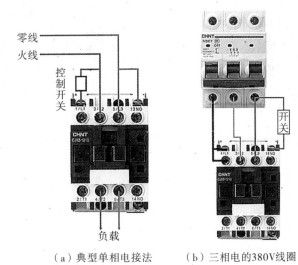

（a）典型单相电接法 　　（b）三相电的380V线圈

图 2-3-9 交流接触器的接线

2. 热过载继电器

1）热过载继电器的功能

热过载继电器是用于防止线路或电气设备长时间过载的低压保护电器。它特别适用于电动机的过载保护,因为电动机在实际运行中,常会遇到过载情况,但只要过载不严重、时间短,绕组不超过允许的升温,这种过载是允许的。但如果过载情况严重、时间长,则会加速电动机绝缘的老化,缩短电动机的使用年限,甚至烧毁电动机,因此,常用热过载继电器对电动机进行过载保护。有的热过载继电器还可以作为电动机的断相保护及短路保护。

热过载继电器如图2-3-10所示。

（a）独立热过载继电器 　　（b）组合式热过载继电器

图 2-3-10 热过载继电器

热过载继电器上面有一个调节旋钮,上面有定值电流刻度。旋钮的长轴通到热过载继电器内部,与联动触点装置的触发机构相联,转动该旋钮就能改变触发装置的动作条件,从而改变热过载继电器的动作整定值。热过载继电器电流整定如图2-3-11所示。

热元件受热弯曲,推动触发装置使热过载继电器动作后,主回路电流被切断了。双金属片一边散热一边恢复原状。显然,这是需要时间的,热过载继电器的复位有两种方式,手动和自动。手动复位一般不小于2 min,自动复位不大于5 min。如图2-3-12为热过载继电器手动复位设备。

图 2-3-11 热过载继电器电流整定

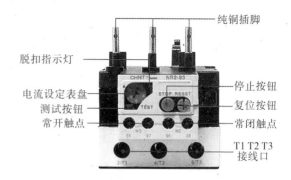

图 2-3-12 热过载继电器手动复位设备

2)热过载继电器的结构原理和电气符号

热过载继电器的发热元件 1 通电发热后,主双金属片 2 受热向左弯曲,推动导板 3 向左推动执行机构发生一定的运动。电流越大,执行机构的运动幅度也越大。当电流大到一定程度时,执行机构发生跃变,即触点 4 发生动作从而切断主电路。

热过载继电器原理图如图 2-3-13 所示。

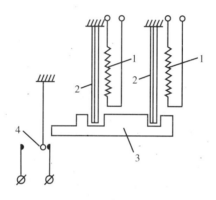

图 2-3-13 热过载继电器原理图

1—热元件;2—双金属片;3—导板;4—触点

热过载继电器的电气符号如图 2-3-14 所示,文字符号为 FR。绘制电气原理图需要注意的是:热过载继电器使用常闭触点来控制保护负载,很少采用常开触点来控制。

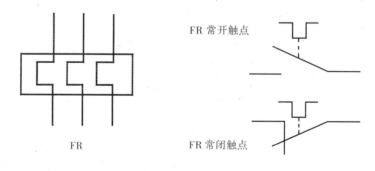

图 2-3-14 热过载继电器电气符号

3)热过载继电器的安装

独立安装的热过载继电器通过螺丝安装在安装金属板上,其安装方向需要注意,如图 2-3-15 所示,切不可装反。组合安装的热过载继电器直接安装在交流接触器主触头出线螺丝钉上,如图2-3-16所示。

注意:安装好热过载继电器后需要调整整定电流,以免后续遗忘。

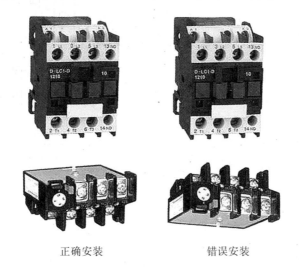

正确安装　　　　　　　　错误安装

图 2-3-15 独立安装热过载继电器正确安装方法

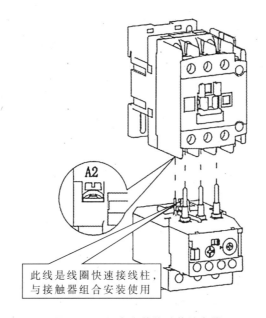

此线是线圈快速接线柱,
与接触器组合安装使用

图 2-3-16 组合安装热过载继电器

4)热过载继电器的接线

热过载继电器与交流接触器配合使用,主要是保护三相异步电动机等负载,放置其因堵转或负载过大发热而烧毁电机。如图2-3-17所示为热过载继电器的接线,热过载继电器的常闭触点95-96与交流接触器的线圈A1-A2串联,当电机发生堵转而使热保护继电器的常闭触点断开,进而切断交流接触器的线圈,从而切断三相异步电动的电源,实现了热保护的功能。

注意:热保护继电器的主触点并不能断开主回路电源,而是间接通过交流接触器断开主回路的电源。计算热继电器的电流根据来计算,热过载继电器和交流接触器配套一起选用为佳。

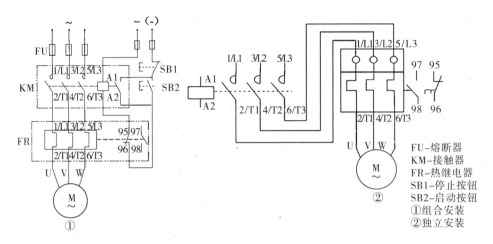

图 2-3-17 热过载继电器的接线

3. 交流接触器点动控制

交流接触的点动控制分为两种：①220 V 线圈的点动控制；②380 V 线圈的点动控制。下面分别作具体的说明。

1）220 V 线圈点动控制

220 V 线圈点动控制是指按下启动按钮后，交流接触器线圈得电，其主触点立马吸合，三相异步电动机转动；松开按钮后三相异步电动机立马停止。

220 V 线圈交流接触器点动控制如图 2-3-18 所示。

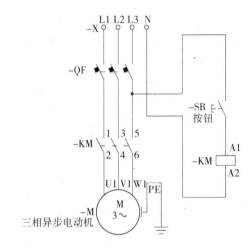

图 2-3-18 220 V 线圈交流接触器点动控制

220 V 线圈点动控制原理：①合闸低压 3 极断路器 QF，当按下按钮 SB 后，交流接触器线圈两端有 220 V 电压，交流接触器吸合；②交流接触器吸合后，其主触点立马闭合，三相异步电动机有 380 V AC 电压，电机开始转动；③当松开按钮 SB 后，交流接触器的线圈失电，同时其主触点断开，电机停止转动。

2）380 V 线圈点动控制

380 V 线圈点动控制是指按下启动按钮后，交流接触器线圈得电，其主触点立马吸合，电动机转动；松开按钮后电动机立马停止。注意与 220 V 去电方式的区别。

380 V 线圈交流接触器点动控制如图 2-3-19 所示。

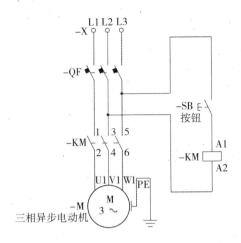

图 2-3-19 380 V 线圈交流接触器点动控制

380 V 线圈点动控制原理：①合闸低压 3 极断路器 QF，当按下按钮 SB 后，交流接触器线圈两端有 380 V 电压，交流接触器吸合；②交流接触器吸合后，其主触点立马闭合，三相异步电动机有 380 V AC 电压，电机开始转动；③当松开按钮 SB 后，交流接触器的线圈失电，同时其主触点断开，电机停止转动。

4. 交流接触器自锁控制

交流接触器的自锁控制可以通过本体自带的触点实现自锁控制，也可通过电磁继电器实现自锁控制；采用 24 V DC 线圈电磁继电器实现自锁控制的是比较常用的控制方式，主要是因为电磁继电器采用直流 24 V 电压，所有的控制操作（按钮等）均在 24 V 电压上操作，安全系数很好。

注意：36 V 及 36 V 以下是安全电压。

1）本体自锁控制

本体自锁控制（见图 2-3-20）是指按下启动按钮后，交流接触器线圈得电，其主触点和辅助触点立马动作；当松开按钮后，电流经过交流接触器辅助触点 NO，交流接触器的线圈仍然得电，形成自锁，电动机可以持续运转；当按下停止按钮后，交流接触器线圈失电，其主触点和辅助触点立马断开，自锁消失，电动机停止运转。

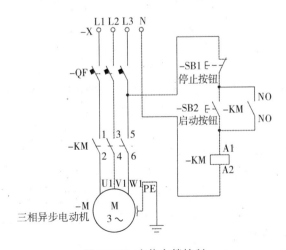

图 2-3-20 本体自锁控制

本体自锁控制原理：①合闸低压 3 极断路器 QF，当按下按钮 SB2 后，交流接触器线圈两端 A1-A2 有 380 V 电压，交流接触器吸合，其主触点和辅助触点立马动作；②当松开按钮后,电流经过交流接触器辅助触点 NO,交流接触器的线圈仍然得电,形成自锁,电动机可以持续运转;③当按下停止按钮 SB1 后,交流接触器线圈失电,其主触点和辅助触点 NO 立马断开,自锁消失,电动机停止运转。

2)与电磁继电器配合自锁控制

与电磁继电器配合的自锁控制分两种方式介绍,分别是电磁线圈为交流 220 V 和电磁线圈为直流 24 V;通过对比,注意异同点。

(1)电磁继电器线圈为交流 220 V。

与电磁继电器 220 V 线圈配合的自锁控制是指按下启动按钮后,电磁继电器线圈得电并形成自锁(电磁继电器线圈可持续得电),电磁继电器的触点持续接通,从而交流接触器的线圈持续得电,电机得以持续运转;当按下停止按钮后,电磁继电器的线圈失电,自锁消失,从而交流接触器的线圈失电,电机停止运转。

220 V 线圈电磁继电器配合自锁控制如图 2-3-21 所示。

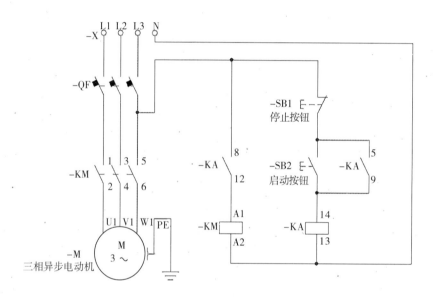

图 2-3-21 220 V 线圈电磁继电器配合自锁控制

220 V 线圈电磁继电器配合的自锁控制原理:①合闸低压 3 极断路器 QF,当按下按钮 SB2 后,电磁继电器 KA 线圈得电,其常开触点 5-9 和常开触点 8-12 闭合;②电磁继电器常开触点 5-9 闭合,形成自锁,电磁继电器线圈可持续得电;③电磁继电器常开触点 5-9 闭合,交流接触器的线圈可以持续得电(因为电磁继电器的线圈持续得电),电机得以持续运转;④当按下停止按钮 SB1 后,电磁继电器的线圈失电,自锁消失,从而交流接触器的线圈失电,电机停止运转。

(2)电磁继电器线圈为直流 24 V。

与电磁继电器 24 V 线圈配合的自锁控制与 220 V 电磁继电器配合的自锁控制不同点有:①加入开关电源,提供 24 V 直流电;②增加低压断路器来控制开关电源,增加低压断路器可以方便地控制直流电源系统,而不需要关断总空开;其次可以保护开关电源,当主回路发生短路故障不会烧毁开关电源。

与电磁继电器 24 V 线圈配合的自锁控制原理这里不再赘述,但是这种控制方式在自动控制系统中应用非常广泛,需要加以注意。另外在与电磁继电器 24 V 线圈配合的自锁控制的实物接线过程需要注意以下几点。①先接直流控制部分,再搭载交流控制控制部分,最后接主回路。②接线颜色一定要区分,特别是直流电和交流电不要用混,这样在接完线再检查的时候可以一目了然的知道哪些是直流、哪些是交流,这对于检查线路非常的实用。

24 V线圈电磁继电器配合自锁控制如图2-3-22所示。

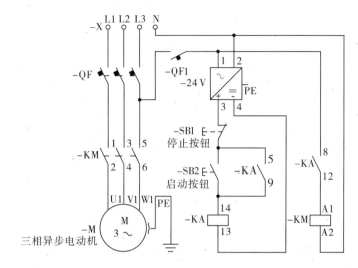

图 2-3-22　24 V线圈电磁继电器配合自锁控制

5. 正反转控制

正反转控制是指按下启动按钮,电机正向转动,并持续正转;按下停止按钮,电机停止运行;当按下反转按钮,电机反向转动,并持续反转。正反转的控制特点是正转或者反转转换之间需要按下停止按钮才可以,如图2-3-23所示是正反转控制的电气原理图。

注意:三相异步电动机正反转只需要改变电机三相进线的任意两相的相序,图2-3-23中KM1控制的相序是L1-L2-L3,KM2控制的相序是L3-L2-L1,把L1和L3的相序改变了。

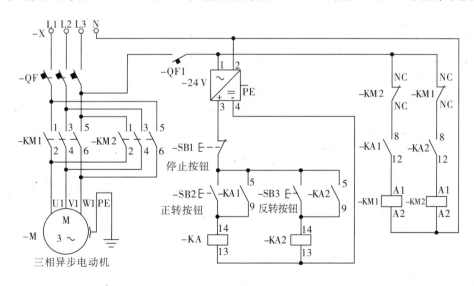

图 2-3-23　正反转控制

正反转控制原理如下。①闭合总断路器QF,系统有3相电源;闭合低压断路器QF1,开关电源得电并提供24 V直流电。②按下正转按钮SB2,电磁继电器KA1线圈得电,其常开触点 5-9 和常开触点 8-12 闭合；常开触点 5-9 闭合，电磁继电器形成自锁；常开触点 8-12 闭合，交流接触器 KM1 线圈可以持续得电。③交流接触器 KM1 线圈得电后，其主触点吸合，同时其辅助常闭触点断开；交流接触器主 KM1 触点吸合，三相异步电动机持续正转；交流接触器 KM1 辅助触点断开，可以实现机械互锁，即如果正转转动了，KM1 常闭触点断开，这时候再怎么按反转按钮都不会反转，这点在电气安全上非常重要。④按下停止按钮 SB1，直流供电均断开，电磁继电器 KA1 和 KA2 均失电，此时不管是正转还是反转，电机都会停止。⑤三相异步电动机处于停止状态，按下反转按钮，此时电磁继电器 KA2 得电，其常开触点 5-9 和常开触点 8-12 闭合；KA2 常开触点 5-9 闭合，电磁继电器 KA2 形成自锁；KA2 常开触点 8-12 闭合，交流接触器 KM2 线圈可以持续得电。⑥交流接触器 KM2 线圈得电后，其主触点吸合，同时其辅助常闭触点断开；交流接触器主 KM2 触点吸合，三相异步电动机持续反转；交流接触器 KM2 辅助触点断开，可以实现机械互锁。

三、任务实施

1. 任务说明

本任务要求按下正转按钮，钻头电动机可以持续正转，按下停止钻头电动机停止，按下反转按钮钻头电动机持续反转，再按下停止钻头机停止。根据机床运动控制电气原理图，首先明确系统控制原理和控制方式，然后将机床运动控制电气原理图转换为实物接线，在元件配盘上安装电器元件，安装线槽，选择合适的电缆接线、走线，最后经万用表测试后送电验证钻头电动机的正反转功能。机床运动控制使用电磁继电器实现起保停控制，使用 2 个交流接触器来控制电动机的正反转功能和机械互锁功能，使用开关电源提供直流配电，低压断路器实现交流配电和电源保护功能，低压熔断器作为直流供电的短路保护，热过载继电器保护钻头电机。

机床运动控制电气原理图如图 2-3-24 所示。

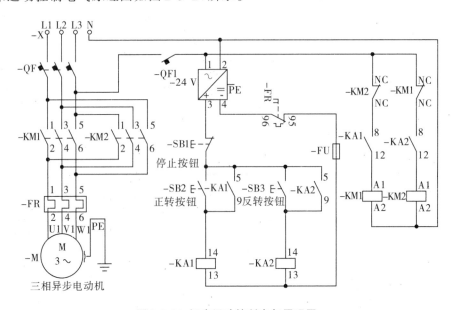

图 2-3-24 机床运动控制电气原理图

机床运动控制的电气元件组成如表 2-3-1 所示。

表 2-3-1　机床运动控制的电气元件组成

元件名称	数量	规格型号	备注
钻头电动机	1 台	三相异步电动机，2.2 kW	
低压断路器	1 个	6 A，3 极	或采用漏电保护断路器
低压断路器	1 个	1 A，1 极	或采用漏电保护断路器
开关电源	1 个	100 W	
低压熔断器	1 个	圆筒形帽熔断器，3 A	带导轨安装底座
电磁继电器	2 个	直流线圈 24 VDC、8 脚	带底座
交流接触	2 个	额定电压 380 V，额定电流 6 A，线圈电压交流 220 V，一组常开/常闭辅助触点	
热过载继电器	1 个	独立安装，额定电流 7.2 A，可整定电流范围 4.5～7.2 A	
按钮	若干	Φ22，常开自复位 2 个，常闭自复位 1 个	使用按钮盒安装

说明：如果没有三相异步电动机使用图 2-3-25 所示的方法进行实物功能验证。

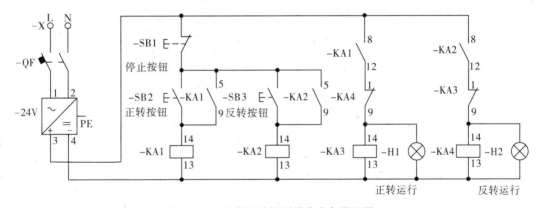

图 2-3-25　机床运动控制简化电气原理图

2. 任务实施步骤

（1）结合机床运动控制电气原理图，读懂电气原理，条理清晰地描述并列出系统电源控制的控制过程，注意描述自锁控制回路、正转启动过程、停止、反转启动过程、电气互锁控制、热继电器保护过程和控制正反转顺序。

（2）搭建电气实物。

搭建流程：①选择合适的电器安装工具，在配盘上安装固定好电器元件、线槽和 DIN 导轨；②根据电气原理图选择合适的接线工具，搭建控制回路。

（3）系统顺序控制功能验证。

验证流程：①低压断路器 QF 合闸前设备状态测试，使用万用表交流 750 V 测量三相电源的电压是否为 380～420 V 之间，使用万用表的通断档测试开关电源的正负极有没有短路的故障；②低压断路器合闸后，使用万用表直流 200 V 测量开关电源输出电压是否为 24 V；③按下正转按钮，观察电动机是否可以正转，松开正转按钮，观察电动机是否可以保持正转的状态；④如果电动机可以正转并可以保持，等待 1 分钟后（电动机不可频繁启停），按下停止按钮，注意观察电动机是否停止；⑤等待 1 分钟后，按下反转按钮，观察电动机可否反转，松开反转按钮注意观察电动机是否可以保持反转状态；⑥等待 1 分钟后，按下停止按钮，注意观察电动机是否停止。

3. 任务目标

本任务的目标有：①自锁控制、正转启动过程、停止、反转启动过程、电气互锁控制、热继电器保护过程和控制正反转顺序描述正确；②实物接线正确，系统所有功能验证正确。

四、任务拓展

1. 交流接触器和热过载继电器常见故障分析

交流接触器和热过载继电器常见故障分析如表2-3-2所示。

表2-3-2　交流接触器和热过载继电器常见故障分析

故障设备	故障现象	故障的可能原因及其解决方法
接触器 （电磁继电器和接触器故障现象一样）	通电后不能吸合或吸合后又断开	原因：线圈没得电或欠电压。 解决方法如下。①使用万用表测量交流接触器线圈A1端或A2端和零线之间是否有220 V电压，如没有则证明故障发生在控制回路，按照电气原理图分别检查电磁继电器触点、时间继电器触点和热过载继电器的触点等连接控制回路是否端子松动或触点没有吸合的情况。②测量接触器线圈A1或A2端和零线有220 V电压，如有则证明交流接触器已经损坏
	吸合后接触器发出异常噪声	原因：铁芯抖动，接触器吸合不紧。 解决方法：①检查线圈的电压是否高于187 V，如果没有则需要排查控制回路；②调整弹簧的压力，交流接触器的弹簧的反作用力过强会造成吸合不紧
	主触头过热或熔焊	原因：接触不良或电流过大。 解决方法：①如果接触器负载有短路，造成接触器熔焊，排除负载短路后更换接触器；②如果是接触器吸合缓慢或有卡顿造成触头接触面积增大而发热或熔焊，可以使用锉刀处理表面氧化层即可
	主触头不能释放或释放缓慢	原因：主触头熔焊或接触器损坏。 解决方法：①通过万用表测量交流接触器线圈A1端或A2端和零线之间是否有220 V电压，如果有则证明是控制回路的故障；②如果没有220 V电压，检查主触头是否有熔焊的现象，如果有焊熔的现象可以使用锉刀修理或直接更换
热过载继电器	热过载继电器误动作	原因：整定值偏小。 解决方法：①启动过程数控机床电流冲击造成热过载继电器误动作，可以调整过载的整定电流至数控机床额定电流的1.2倍；②启动数控机床过程过长，数控机床温度升高，热过载继电器脱扣动作
	热过载继电器不动作	原因：①热元件烧断或掉落；②整定值偏大。 解决方法：①拆开检查热元件是否还能导通，扫除电路短路故障，更换热过载继电器；②热过载的整定电流是数控机床的1.15倍，调节太大会造成热过载继电器不动作

2. 思考与练习

请思考如何实现正转-反转相互切换控制，而不需要停机才能切换的控制方式。

◀ 任务4　工业机器人焊接冷却水循环控制 ▶

一、任务描述

工业机器人某焊接系统由2套焊接工业机器人、人机交互操作控制箱、1套冷却水循环系统、系统控制柜组成；冷却水进入2台焊机机器内散热，冷却水箱1小时循环一次水。

本任务的要求有：①根据工业机器人焊接冷却水循环控制的电气原理图，理解并掌握交流计数器和液位计的控制；②在电气配盘上完成相关电器设备的安装和电气接线；③调试并验证系统控制功能。

工业机器人焊接工作站组成如图2-4-1所示。

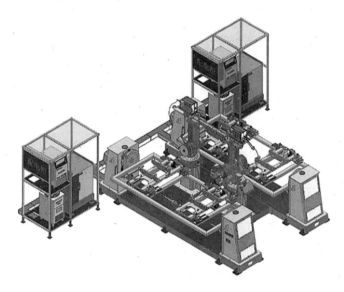

图 2-4-1　工业机器人焊接工作站组成

二、相关知识

1. 液位继电器

液位继电器（见图2-4-2）是控制液面的继电器，利用液体的导电性，当液面达到一定高度时液位继电器触点复位，液面低于一定位置时接通触点动作，达到自动控制液位高度的作用。

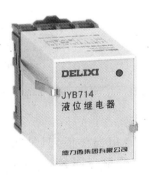

图 2-4-2　液位继电器

1）液位继电器的结构原理和电气符号

供水方式接线时，低位检测探头放在水池底部，假如要把水池中的水用光再打水，尽量把中位探头靠近水池底部，如果需要水池中的水位始终保持高位，可调整中位探头的高度。高位探头为水池打水最高度的限制，当水池中的水打满到高探头时，水泵停止打水，当水池中的水用到低于中位探头时，水泵又开始打水。排水方式接线时，低位探头放在水池底部，如需要把水池的水排光，可尽力把中位探头放在水池底部，当外界的水流入水池满至高位探头时，水泵开始排水，当水位低于中位探头时水泵停止工作；如图2-4-3所示为液位继电器的原理方框图，1和8接电源，可以采用220 V或380 V；2-3时液位继电器的常开触点、3-4是液位继电器的常闭触点、3是公共端；5、6、7是液位高、中、低位检测，高位触点复位、地位触点动作。

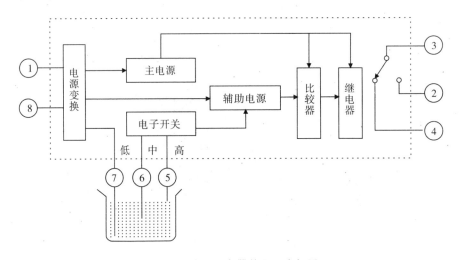

图2-4-3 液位继电器的原理方框图

液位继电器的电气符号如图2-4-4所示，文字符号使用SL表示。

2）液位继电器的安装与接线

（1）液位继电器的安装。

液位继电器通过底座安装在DIN导轨上，如图2-4-5所示为液位继电器组成，安装底座上标有数字引脚。

图2-4-4 液位继电器电气符号   图2-4-5 液位继电器组成

（2）液位继电器的接线。

液位继电器的控制原理和电磁继电器类似，只是拥有触发条件；当液位触发低水位的时候，液位继电器的触点会动作（常开触点闭合、常闭触点断开）；当液位触发高水位的时候，液位继电器的触点会复位（常开触点断开、常闭触点闭合）。液位继电器的这种触发方式,决定了其有两种类型的控制方式,即供水方式和排水方式,下面通过实物接线图来理解这两种控制方式。

①供水方式。

供水方式是当液位下降到低探头时,水泵开始工作;当液位到达高水位探头的时候,停止水泵工作,这样可以保证水箱的里面总有水。如图 2-4-6 所示为单相供水方式的接线图。

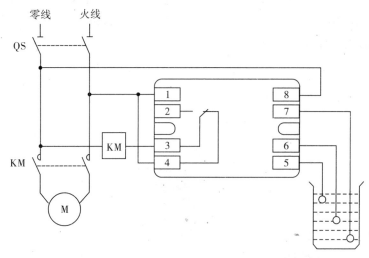

图 2-4-6 单相供水方式

单相供水方式的工作原理:①闭合低压断路器 QS,液位继电器 1-8 有电源,液位继电器开始工作;②当液位下降到低探头时,液位继电器触点动作,常开触点 2-3 闭合,此时交流接触器线圈两端有 220 V 电压,交流接触器主触点吸合,水泵开始工作,抽水进入水箱;③当水箱液位到达高水位探头时,液位继电器触点复位,常开触点 2-3 断开,交流接触器线圈失电,水泵停止工作。

②排水方式。

排水方式是指液位下降到低探头时,排水泵就会停止工作;当液位上升到高水位时,排水泵就会启动。

液位继电器典型接线如图 2-4-7 所示。

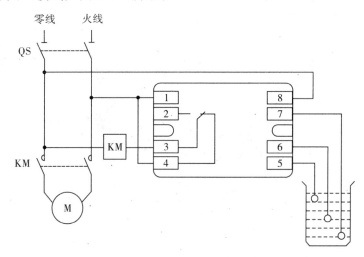

图 2-4-7 液位继电器典型接线

单相排水方式的工作原理:①闭合低压断路器 QS,液位继电器 1-8 有电源,液位继电器开始工作;②当液位到达高水位探头时,液位继电器触点复位,常闭触点 3-4 闭合,此时交流接触器线圈两端有 220 V 电压,交流接触器主触点吸合,排水泵开始工作,把水抽出水箱;③当水箱液位到达低水位探头时,液位继电器触点动作,常闭触点 3-4 断开,交流接触器线圈失电,排水泵停止工作。

380 V 的电路和 220 V 的电路的接法是一样的,一个是单相电机、一个是三相电机,液位继电器可以均采用 220 V 供电方式。如图 2-4-8 所示为排水 380 V 的实物接线图。

排水 380 V 的实物接线图如图 2-4-8 所示。

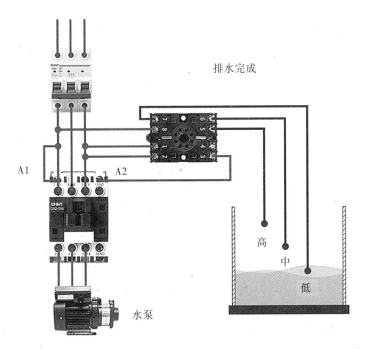

图 2-4-8 排水 380 V 的实物接线图

2. 计数继电器

自动控制电路中,计数继电器(见图 2-4-9)作显示及计数控制元件按预定的计数次数接通或断开电路。其计数方式有:触点计数(如行程开关)、电平信号输入计数(正脉冲电平 4～30 V)、传感器信号输入计数(如光电开关、接近开关)。

图 2-4-9 计数继电器

1)计数继电器的使用

计数继电器面板操作分为计数值设定和显示当前计数值,如图2-4-10所示。图2-4-10中设定计数值为12,设定计数值倍数是为×1代表1倍,即如果当前计数值到达12则计数继电器的触点动作(常开触点闭合、常闭触点断开);同理如果设定计数值倍数是为×2,则当前计数值到达24后计数继电器的触点动作。

计数继电器面板使用如图2-4-10所示。

计数继电器的端子接线使用如图2-4-11所示。图2-4-11中通过1-4之间的接通可以复位计数继电器;端子2-7为供电电源,计数器有交流供电和直流供电可供选择,从安全角度推荐使用直流;5-8为常闭触点、6-8为常开触点;1-3为计数信号接入。

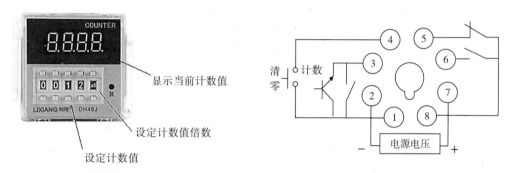

图2-4-10 计数继电器面板使用   图2-4-11 计数继电器面板引脚图

2)计数继电器的电气符号

计数继电器的电气符号如图2-4-12所示,A1-A2是计数继电器的供电,C是计数端、R是复位端、D是输入公共端;计数继电器的文字符号使用C表示。

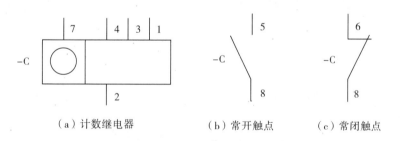

（a）计数继电器   （b）常开触点   （c）常闭触点

图2-4-12 计数继电器电气符号

3)计数继电器的安装

计数继电器的安装如图2-4-13所示。

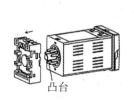

（a）拔出底座   （b）拧松接线螺钉   （c）按底座顺序号接上导线并拧紧接线螺钉

图2-4-13 计数继电器的安装

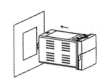 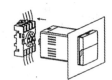

（d）面板式安装：将
继电器装入面板

（e）面板式安装：装上底座，
上插的凸台应对准底座
的凹槽

（f）面板式拆卸：
拔出底座

  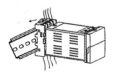

（g）面板式拆卸：
拔出继电器

（h）导轨式安装：装上底座，
上插的凸台应对准底座
的凹槽

（i）导轨式安装：将产
品按图示方向扣入
导轨

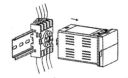 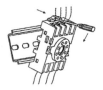

（j）导轨式拆卸：
拔出继电器

（k）导轨式拆卸：
取下底座

（l）装置式安装：
拧紧安装螺钉

续图 2-4-13

3. 计数继电器简单应用控制

计数继电器设置好计数值后,通过按钮给计数继电器触点计数,当计数值等于当前值指示灯亮;使用另外一个按钮给计数器复位,复位后灯应该熄灭。计数继电器简单应用电气原理图如图 2-4-14 所示。

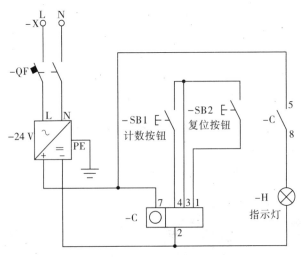

图 2-4-14 计数继电器简单应用电气原理图

计数继电器简单应用控制原理:①设置好计数继电器的设置值为 5,闭合低压断路器,开关电源开始,为系统提供直流电源,计数继电器 7-2 之间有 24 V 直流电,开始工作;②当按下计数按钮 SB1 后,计数值加 1,一直加到 5,此时计数继电器的常开触点 5-8 闭合,指示灯 H 两端有 24 V 直流电,指示灯亮;③按下复位按钮,此时计数继电器被复位,当前计数值变为 0,触点复位,常开触点 5-8 断开,指示灯熄灭。

注意:计数继电器的复位方式可以断电复位,也可以通过复位触点来复位。

4. 控制电器选型实例

控制电器选型实例以工业机器人机床控制系统为背景说明,工业机器人机床控制系统由数控机床、人机交互操作控制箱、冷却水循环系统、系统控制柜组成(见图 2-4-15)。

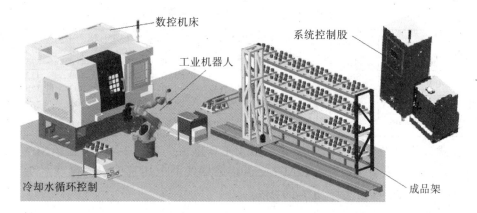

图 2-4-15 工业机器人机床控制系统组成

1)工业机器人机床控制系统控制要求

(1)人机交互操作控制箱可以启动、停止工业机器人数控机床控制系统。

(2)冷却水循环系统启动后才能启动机床控制电源,系统停止过程是先听机床控制电源,然后听冷却水循环系统,如图 2-4-16 所示为系统组成示意图。

(3)当水位低于中间水位时循环水泵开始工作,当水位高于高水位时循环水泵停止工作。

(4)热继电器保护数控机床,机床电机过热。

工业机器人机床控制系统电器组成示意图如图 2-4-16 所示。

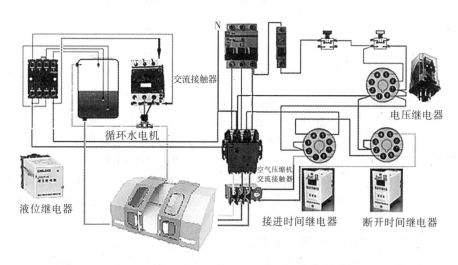

图 2-4-16 工业机器人机床控制系统电器组成示意图

2)工业机器人机床控制系统主要设备功率

①数控机床功率 38.4 kW,供电电源是 380 V,50 Hz;②循环水泵功率表 3 kW,供电电源 380 V,50 Hz。

3）工业机器人机床控制系统交流接触器选型

对接触器建议按70%算，即100 A的交流接触器，只能控制最大额定电流是70 A以下的设备。根据公式算出空气压缩机工作线路中的最大工作电流。数控机床交流接触器和循环水泵交流接触器的进线电源是380 V，50 Hz。如表2-4-1为正泰NC7交流接触器的技术参数列表。数控机床交流接触器依据表2-4-1和表2-4-3选择NC7-115-M5。

表2-4-1　NC7交流接触器计数参数表1

型号			NC7-115	NC7-150	NC7-170	NC7-205	NC7-250	NC7-300	NC7-410	NC7-475	NC7-620
额定工作电流（A）	380 V/400 V	AC-3	115	150	170	205	250	300	410	475	620
		AC-4	115	150	150	205	250	300	410	475	620
	660 V/690 V	AC-3	86	107	118	137	170	235	303	353	462
		AC-4	86	107	107	137	170	235	303	353	462
可控三相鼠笼电动机功率（AC-3）kW	380 V/400 V		55	75	90	110	132	160	200	265	335
	660 V/690 V		80	100	110	129	160	220	280	335	450

根据公式计算出循环水泵工作线路中最大工作电流。如表2-4-2为正泰NC7交流接触器的技术参数列表，表2-4-3为正泰NC7交流接触器线圈电压选型表。循环水泵交流接触器依据表2-4-2和表2-4-3选择NC7-09-M5。

表2-4-2　NC7交流接触器计数参数表2

型号			NC7-09	NC7-12	NC7-18	NC7-22	NC7-25	NC7-32	NC7-38	NC7-40	NC7-50	NC7-65	NC7-80	NC7-95
额定工作电流（A）	380 V/400 V	AC-3	9	12	18	22	25	32	38	40	50	65	80	95
		AC-4	3.5	5	7.7	7.7	8.5	12	12	18.5	24	28	37	44
	660 V/690 V	AC-3	6.6	8.9	12	14	18	22	22	34	39	42	49	49
		AC-4	1.5	2	3.8	3.8	4.4	7.5	7.5	9	12	14	17.3	21.3
可控三相鼠笼电动机功率（AC-3）kW	380 V/400 V		4	5.5	7.5	11	11	15	18.5	18.5	22	30	37	45
	660 V/690 V		5.5	7.5	10	11	15	18.5	18.5	30	37	37	45	45
动作范围	吸合电压为：85%Us~110%Us；释放电压为：20%Us~75%Us													
辅助触头基本参数	AC-15:0.95 A 380 V/400 V DC-13:0.15 A 220 V/250 V Ith:10 A													

表2-4-3　NC7交流接触器线圈额定电源电压及其代号

线圈电压Us（V）	24	36	42	48	110	127	220	230	240	380	400
50 Hz	B5	C5	D5	E5	F5	G5	M5	P5	U5	Q5	V5
60 Hz	B6	C6	D6	E6	F6	G6	M6	P6	U6	Q6	V6
50/60 Hz	B7	C7	D7	E7	F7	G7	M7	P7	U7	Q7	V7

4）工业机器人机床控制系统电磁继电器选型

（1）图2-4-16工业机器人机床控制系统控制电器组成中，电磁继电器线圈电路（被控制电路）电源电压是220 V，因此线圈要选择220 V AC的电磁继电器。

（2）触点电路（控制电路）电源电压是220 V，电磁继电器触点一组常开触点用于回路自锁，一组常开触点用于接通时间继电器，所以电磁继电器触点可以选择拥有2组常开常闭触点的电磁继电器。

（3）根据电磁继电器的技术参数表选择相应电磁继电器的型号，如表2-4-4所示为正泰JQX-10F电磁继电器线圈技术参数列表，工业机器人机床控制系统电磁电器选择JQX-10F-220、配套插座CZF08A。

注意：电磁继电器的额定电压一般指的是线圈的额定电压，这个参数决定了所选电磁继电器的使用，另外就是选择8脚或者14脚的继电器，具体选择8脚或者14脚的继电器是在绘制电气原理图的时候需要确认的。

表2-4-4　JQX-10F电磁继电器线圈技术参数

额定电压 VDC	动作电压 VDC(≤)	释放电压 VDC(≥)	线圈电阻 Ω±10%
6	4.8	0.6	22
12	9.6	1.2	80
24	19.2	2.4	360
36	28.8	3.6	840
48	38.4	4.8	1440
110	88.0	11.0	7560
220	176.0	22.0	29000

5) 工业机器人机床控制系统热过载继电器选型

热过载继电器额定电流应大于机床额定电流72.9 A,一般为额定电流的1.15倍;根据热过载继电器的技术参数表选择相应热过载继电器,如表2-4-5所示为正泰JR36热过载继电器的技术参数表,机床控制系统热过载继电器选择JR36-160。

表2-4-5　正泰JR36过热电磁继电器技术参数

技术参数	JR36-20	JR36-63	JR36-160
额定工作电流 A	20	63	160
额定绝缘电压 V	690	690	690
断相保护	有	有	有
手动与自动复位	有	有	有
温度补偿	有	有	有
测试按钮	有	有	有
安装方式	独立式	独立式	独立式
辅助触头	1NO+1NC	1NO+1NC	1NO+1NC
AC-15 380 V 额定电流 A	0.47	0.47	0.47

6) 工业机器人机床控制系统时间继电器选型

工业机器人机床控制系统时间继电器是先接通才开始计时,应该选用通电延时型;根据时间继电器的技术参数表选择相应时间继电器的型号,如图2-4-6为正泰JSZ3热过载时间继电器技术参数列表,工业机器人机床控制系统热过载继电器选择JSZ3A-G-220 V。

表2-4-6　正泰JSZ3热过载时间继电器技术参数

型号	JSZ3A	JSZ3C	JSZ3F	JSZ3K	JSZ3Y	JSZ3R
工作方式	通电延时	通电延时带瞬动触点	断电延时	信号断开延时	星三角启动延时	往复循环延时
延时范围	A:(0.05～0.5) s/5 s/30 s/3 min B:(0.1～1) s/10 s/60 s/6 min C:(0.5～5) s/50 s/5 min/30 min D:(1～10) s/100 s/10 min/60 min E:(5～60) s/10 min/60 min/6h F:(0.25～2) min/20 min/2 h/12 h G:(0.5～4) min/40 min/4 h/24 h	(0.1～1) s (0.5～5) s (1～10) s (2.5～30) s (5～60) s (10～120) s (15～180) s	(0.1～1) s (0.5～5) s (1～10) s (2.5～30) s (5～60) s (10～120) s (15～180) s	(0.1～1) s (0.5～5) s (1～10) s (2.5～30) s (5～60) s (10～120) s (15～180) s	(0.5～6) s/60 s (1～10) s/10 min (2.5～30) s/30 min (5～60) s/60 min
设定方式	电位器					
工作电压	AC50Hz,36 V,110 V 127 V,220 V,380 V DC24 V	AC50Hz,36 V 110 V,127 V 220 V,380 V,DC24 V	AC50Hz,110 V, 220 V,380 V, DC24 V	AC50Hz,110 V, 220 V,380 V, DC24 V	AC50Hz,110 V, 220 V,380 V, DC24 V

7）电源选择

工业机器人机床控制系统液位继电器在循环水控制中使用的是 220 V AC 电源。

三、任务实施

1. 任务说明

本任务要求如下。①按下启动按钮,供水泵可以持续供水,直至碰到高液位停机。②经过时间继电器1设定的时间,供水泵停止工作且供水液位继电器也停止工作,但与此同时排水泵和排水液位计开始工作。③经过时间继电器2设定的时间后,排水泵停止工作且排水液位继电器也停止工作,但与此同时供水泵和供水液位继电器开始工作,如此反复循环的可以执行下去。④按下停止按钮,观察不管是供水泵还是排水泵均可以停止。根据工业机器人焊接液位冷却水循环控制电气原理图,首先明确系统控制原理和控制方式,将控制系统中的控制元件做出选型,并填入表2-4-7中,然后将图2-4-17转换为实物接线,在元件配盘上安装电器元件,安装线槽,选择合适的电缆接线、走线;最后经测试后送电验证水循环控制的功能。控制系统使用电磁继电器实现起保停控制,使用2个交流接触器来控制2台单相电动机的运动功能,低压断路器实现交流配电和电源保护功能,时间继电器提供供水开机时间和排水开机时间控制,2个液位继电器分别实现供水和排水功能。

注意:供水泵和排水泵的规格型号均为单相电动机,1.2 kW。

工业机器人焊接冷却水循环控制电气原理图如图2-4-17所示。

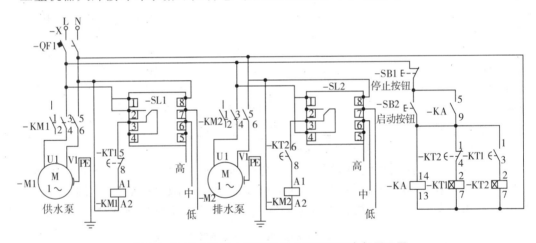

图 2-4-17 工业机器人焊接冷却水循环控制电气原理图

工业机器人焊接液位冷却水循环控制电气选型表如表2-4-7所示。

表2-4-7 工业机器人焊接液位冷却水循环控制电气选型表

元件名称	数量	规格型号	备注
交流接触器	2台		
低压断路器	1个		
电磁继电器	1个		
时间继电器	2个		
液位继电器	2个		

2. 任务实施步骤

（1）根据图2-4-18，读懂电气原理图，条理清晰地描述并列出系统控制的控制过程，注意描述自锁控制回路、时间循环控制、供水控制、排水控制。

（2）搭建电气实物。

为了方便电气实物搭建，考虑实施条件的可能性，根据图2-4-18实物搭建。

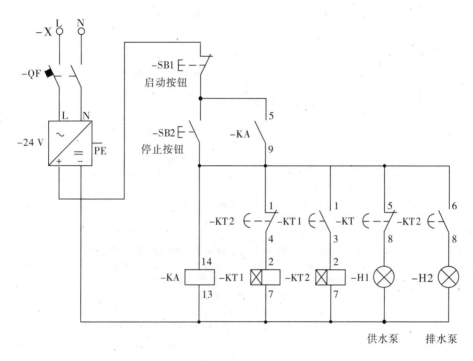

图 2-4-18 工业机器人焊接冷却水循环简化控制电气原理图

搭建流程：①选择合适的电气安装工具，在配盘上安装固定好电气元件、线槽和DIN导轨；②根据电气原理图选择合适的电气接线工具，搭建控制回路。

注意：控制过程中KT1设置时间用于供水泵的控制，KT2设置时间用于供水泵的控制。

（3）系统顺序控制功能验证。

验证流程：①低压断路器QF1合闸前设备状态测试，使用万用表交流750 V测量三相电源的电压是否为220～240 V之间；②按下启动按钮，观察供水泵是否可以工作，松开正转按钮，观察供水泵是否可以保持转动的状态；③经过KT1设定的时间，观察供水泵是否停止且排水泵开始工作；④经过KT2设定的时间，观察排水泵是否停止且供水泵开始工作，如此反复可以执行下去；⑤按下停止按钮，观察是供水泵还是排水泵停止。

3. 任务目标

本任务的目标有：①自锁控制回路、时间循环控制、供水控制、排水控制描述正确；②实物接线正确，系统所有功能验证正确。

四、任务拓展

1. 液位继电器和计数器常见故障分析

液位继电器和计数器常见故障分析如表2-4-8所示。

表 2-4-8　液位继电器和计数器常见故障分析

故障设备	故障现象	故障的可能原因及其解决方法
液位继电器	低液位时继电器不动作	原因:中间液位探头与其他触头导通或液位继电器损坏。 解决方法:检查液位中间触头位置有无导通的地方并确保低位触头在水箱最底部,如有问题则作相应处理即可;如确认无导通的地方并且液位触头在水箱最底部,则证明是液位继电器损坏
	高位失控或误动作	原因:液位继电器损坏或高位触头与其他触头导通。 解决方法:检查液位高位触头位置有无导通的地方,如有导通的地方进行相应处理即可;如确认无导通的地方则证明是液位继电器损坏
计数继电器	计数继电器开机不显示	原因:电源接入不对或继电器损坏。 解决方法:使用万用表检查计数器的电源引脚是否符合设备说明书的要求,如果是直流电还要注意电源的正负极切不可接错;如果以上检查都没有问题,则可判断为计数继电器损坏
	计数到达后计数器不动作	原因:①计数值未到达设定值,②接线错误,③计数继电器损坏。 解决方法:①检查设定倍数是多少,是否出现×2倍以上的情况;②根据计数继电器的接线说明,严格检查触点的接下是否正确,接线是否组合成一个完整的回路;③如果以上检查都没有问题,使用万用表通断档测量常开触点是否闭合,常闭触点是否断开,如果通过万用表判断计数到达后常开触点或常闭触点没有动作,则可以确认是计数继电器损坏,需要更换新的

2. 思考与练习

根据计数继电器简单应用控制的电气原理图和计数继电器的使用,完成计数器断电自复位的控制方式实现指示灯控制的实物接线和功能调试,详细根据附件3。

项目三
机电应用信号控制与人机交互控制

【学习目标】

知识目标:掌握主令电气设备的基本工作原理、主令电气设备的电气符号、安装使用方法,具体包括按钮、指示灯、限位开关、接近开关、光电开关、磁感应开关、安全门开关、安全栅、压力传感器等;掌握主令电气设备典型的控制原理的应用。

能力目标:能够根据控制要求选择合适型号的主令电气设备;能够使用主令电气设备并应用在控制电路中;能够动手搭建调试工业机器人应用控制系统中几种典型的控制电路。

【项目任务】

任务1 工业机器人工作站小车自动往返控制
任务2 工业机器人工作站安全门控制
任务3 工业机器人工作站人机交互控制
任务4 工业机器人应用系统状态显示控制

主令电气设备用于闭合、断开控制电路,以发布命令或信号,达到对工业控制系统的控制或实现程序控制。本项目首先介绍的是限位开关、接近开关的应用控制和典型的控制电路,如自动往返控制;其次介绍的是光电开关、磁感应开关、安全门开关等的应用控和典型的延时控制电路;再次介绍的是按钮及其应用,各类按钮的选用及其注意事项;最后介绍的是指示灯及其应用控制。工业控制需要各种各样的人机交互控制设备和各类传感器来支撑。通过本项目的学习要达到掌握常见的开关类传感器的使用和主令电气设备使用的目的。

任务1 工业机器人工作站小车自动往返控制

一、任务描述

在工业机器人工作站控制过程中,经常会遇到需要来回自动运行控制的情况,例如汽车焊接工作站,汽车架通过小车运送进入工位焊接,焊接完成后自动退出,进入下一个流程。

本任务的要求有:①根据工业机器人工作站自动往返运动控制的电气原理图,掌握限位开关、接近开关的使用、安装;②以电气原理图为基础,完成工业机器人工作站自动往返控制控制所需的元器件安装、系统通电调试。

汽车架焊接工作站如图3-1-1所示。

图3-1-1 汽车架焊接工作站

二、相关知识

1. 限位开关

限位开关(见图3-1-2)也称为是行程开关。它的特点是通过其他物体的位移来控制电路的通断。

（a）直动式限位开关　　（b）滚轮式限位开关

图3-1-2 限位开关

1)限位开关的结构原理和电气符号

限位开关由操作头、传动部分、触点系统和外壳组成。当外界设备触动推杆动作,行程开关的常开触点闭合、常闭触点断开。

直动式限位开关结构原理图如图3-1-3所示。

图3-1-3 直动式限位开关结构原理图

限位开关是靠外界触发的;另外限位开关的触点(常开触点和常闭触点)均属于无源触点(仅触点导通,没有电压或电流)。如图3-1-4所示为限位开关的电气符号。

（a）常开触点　　　　　　（b）常闭触点　　　　　　（c）组合触点

图3-1-4 限位开关的电气符号

2)限位开关分类

限位开关分为缓动开关和速度开关。缓动开关的接通和断开动作切换时间与开关操作频率有关,操作频率越快,开关的切换也越快。速度开关的接通和断开的转换时间与开关被操作的频率无关,只需要开关被操作到一定位置开关便发生接通和断开切换,此过程时间一般为弹簧弹跳所需的时间,此时间为一常数。

速度开关根据其触发导通的方式可以分为直动式、滚轮式和微动式。直动式限位开关:推杆与碰撞物体运动方向持平碰撞。滚轮式限位开关:推杆与碰撞物体运动方向持90°碰撞。微动式限位开关:微动限位也分直动式和滚轮式,如图3-1-5所示。其行程不超过15 mm,故称为微动式限位开关。微动式限位开关选型需要注意行程距离的选择和其动作的频率。

图3-1-5 微动式限位开关

3)限位开关的典型应用

限位开关的常开触点或常闭触点通过串接电源控制电磁继电器线圈、交流接触器线圈、指示灯等控制电器元件或显示类电器元件。如图3-1-6所示为限位开关的典型应用,串接的电源可以是交流也可以是直流。

2. 接近开关

接近传感器是运动部件无机械接触而可以操作的位置开关。当运动物体靠近开关到一定位置时,开关发出信号,达到行程控制及计数自动控制的一种非接触式无触点的位置开关。

1)接近开关的结构组成和电气符号

接近开关由感应头、高频振荡器、放大器和外壳组成。如图3-1-7所示是接近开关的电气符号。

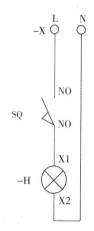

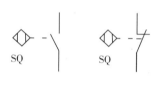

图 3-1-6 限位开关的典型应用　　　　　图 3-1-7 接近开关电气符号

2）接近开关的分类

按工作原理的不同可以分为电感型、电容型等。按接线数量分：①二线制，包括直流二线制和交流二线制；②三线制，包括 PNP 型和 NPN 型，只有常开型或者常闭型；③四线制，包括 PNP 型和 NPN 型，同时带常开型和常闭型；⑤干出点输出型：包括交流和交直流型，输出触点类型为干触点（不带电源，与限位开关一样）。

注意：接出干触点输出型接近开关，大部分近开关属于有源开关，即触点导通带直流电或交流电，具体取决于所选接近开关的类型。

（1）电感型接近开关。

电感式接近开关（见图 3-1-8）的感应头是一个具有铁氧体磁芯的电感线圈，只能检测金属体。振荡器在感应头表面产生一个交变磁场，当金属物体接近感应头时，接近开关内部动作，从而达到"开"和"关"的控制。电感型接近开关的特点：抗干扰性能强，开关频率高、大于 200 Hz，只能感应金属。

（2）电容型接近开关。

电容型接近开关（见图 3-1-9）的感应头是一个圆形平板电极，与振荡电路的地线形成一个分布电容，当有导体或其他介质接近感应头时，电容量增大而使振荡器停止振荡，经过整形放大器输出电信号。电容式接近开关特点：可以检查金属、非金属和液体或粉末状物。

图 3-1-8 电感型接近开关

图 3-1-9 电容型接近开关

（3）接近开关的接线。

①二线制接近开关的接线。二线制接近开关如图 3-1-10 所示。

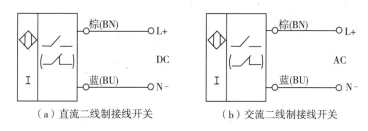

（a）直流二线制接线开关　　　　　　（b）交流二线制接线开关

图 3-1-10 二线制接近开关

当外界有金属等物体接近接近开关是，L+和N-之间导通；二线制的特点是信号线和电源公用，以直流二线制为例说明二线制接近开关的具体接线。二线制接线如图3-1-11所示。

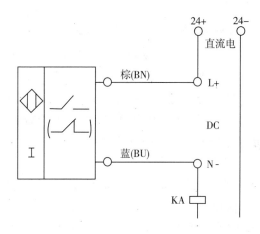

图 3-1-11 二线制接线

控制原理：如图3-1-11所示，当外界有金属等感应物体接近接近开关时，其内部触点导通，电磁继电器线圈得电，继而可以控制其他的设备。

②直流三线接近开关的接线。三线制接近开关如图3-1-12所示。

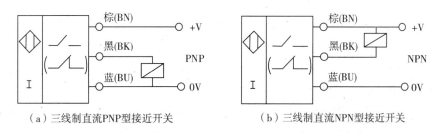

（a）三线制直流PNP型接近开关　　　　　　（b）三线制直流NPN型接近开关

图 3-1-12 三线制接近开关

a. PNP型工作过程。

PNP型接近开关是负极共点（COM），传感器内部开关是信号线 OUT 与 VCC（＋V）相连，相当于 OUT 信号输出端输出高电平的电源线。

PNP——NO 常开型：接近开关在无信号触发时，即信号输出线 OUT 与 VCC（＋V）断开状态，相当于 OUT 信号输出端为空；有信号触发时，输出与 VCC（＋V）相同电压，即信号输出线 OUT 与 VCC（＋V）相连，输出高电平。

PNP——NC 常闭型：接近开关在无信号触发时，输出与 VCC（＋V）相同电压，输出高电平；有信号触发时，信号输出线 OUT 与 VCC（＋V）断开，相当于 OUT 信号输出端为空。

三线制 PNP 型接近开关典型应用如图 3-1-13 所示。

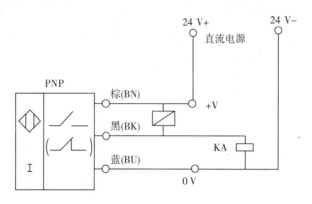

图 3-1-13 三线制 PNP 型接近开关典型应用

PNP 型控制原理：图 3-1-13 所示的三线制 PNP 型接近开关以其 NO（常开触点型）为例说明其控制过程，当接近开关未感应到金属物体时，黑色（BK）信号线悬空，电磁继电器两端没有 24 V 电压，电磁继电器不会吸合；当接近开关感应到金属物体时，黑色（BK）信号线输出 24 V+电压，电磁继电器两端有 24 V 电压，电磁继电器吸合，可以使用电磁继电器的触点来控制其他的设备或者传递信号，如接入 PLC 输入点。

b. NPN 型工作过程。

NPN 型接近开关用于正极共点（COM），传感器内部开关是信号输出线 OUT 与 GND（0V）相连，相当于 OUT 信号输出低电平。

NPN——NO 常开型：接近开关在无信号触发时，即信号输出线 OUT 与 GND（0 V）断开状态，相当于 OUT 信号输出端为空；有信号触发时，信号输出线 OUT 与 GND（0 V），输出低电平 0 V。

NPN——NC 常闭型：接近开关在无信号触发时，输出与 GND 相同的 0 V 低电平；有信号触发时，信号输出线 OUT 与 GND（0 V）断开，相当于 OUT 信号输出端为空。

三线制 NPN 型接近开关典型应用如图 3-1-14 所示。

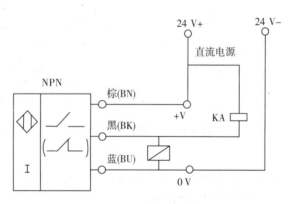

图 3-1-14 三线制 NPN 型接近开关典型应用

NPN 型控制原理：图 3-1-13 所示的三线制 NPN 型接近开关我们以其 NO（常开触点型）为例说明其控制过程，当接近开关未感应到金属物体时，黑色（BK）信号线悬空，电磁继电器两端没有 24 V 电压，电磁继电器不会吸合；当接近开关感应到金属物体时，黑色（BK）信号线输出 24 V-电压（0 V 电压），电磁继电器两端有 24 V 电压，电磁继电器吸合，可以使用电磁继电器的触点来控制其他的设备或者传递信号,如接入 PLC 输入点。

③直流四线制接近开关。

直流四线制接近开关与直流三线制接近开关的区别:三线制只有一种触点形式,即要么是 NO 型,要么是 NC 型;四线制是两种触点形式都有,其中黑色(BK)线是 NO 输出,白(WH)为 NC 输出。

四线制接近开关的接线如图 3-1-15 所示。

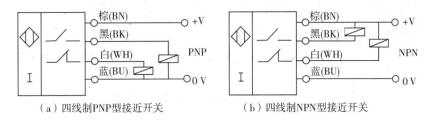

(a)四线制PNP型接近开关　　　(b)四线制NPN型接近开关

图 3-1-15 四线制接近开关的接线

④干出点输出型。

干出点输出型是指电源供电线和触点开关之间隔离,触点仅仅的通断不带电源(和限位开关的触点一样)。干出点输出型接近开关如图 3-1-16 所示。

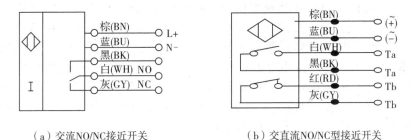

(a)交流NO/NC接近开关　　　(b)交直流NO/NC型接近开关

图 3-1-16 干出点输出型接近开关

3. 自动往返控制

自动往返控制是指电动机运动碰到限位开关或接近开关后自动改变正反转的控制。本控制分限位开关和接线开关分开来说明介绍。

电机自动往返控制如图 3-1-17 所示。

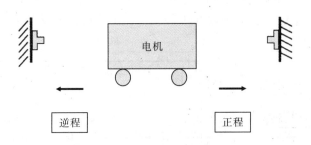

图 3-1-17 电机自动往返控制

1)限位开关自动往返控制

限位开关自动往返控制是指按下启动按钮或者碰到正程限位开关,电机正向转动,并持续正转;按下停止按钮,电机停止运行;当按下反转按钮或者碰到逆程限位开关,电机反向转动,并持续反转。如图 3-1-18 所示是限位开关自动往返控制的电气原理图。

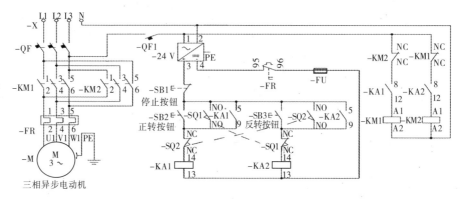

图 3-1-18 限位开关自动往返控制的电气原理图

限位开关自动往返控制原理如下。①闭合总断路器 QF,系统有 3 相电源;闭合低压断路器 QF1,开关电源得电并提供 24 V 直流电。②按下正转按钮 SB2,电磁继电器 KA1 线圈得电,常开触点 5-9 闭合,电磁继电器形成自锁;常开触点 8-12 闭合,交流接触器 KM1 线圈可以持续得电,电机正转。③正程运动过程中如果碰到正程限位 SQ2,限位开关 SQ2 常开触点和常闭触点同时动作;SQ2 常闭触点断开后电磁继电器 KA1 线圈断电,正转自锁消失,电机正转停止;同时由于 SQ2 常开触点闭合,电磁继电器 KA2 线圈得电,电机立马反转;反转一会,电机离开限位开关 SQ2,其所有触点复位,但由于 KA2 线圈自锁,电机仍然持续反转。④当电机反转过程中碰到返程限位 SQ1,限位开关 SQ1 常开触点和常闭触点同时动作;SQ1 常闭触点断开后电磁继电器 KA2 线圈断电,反转自锁消失,电机反转停止;同时由于 SQ1 常开触点闭合,电磁继电器 KA1 线圈得电,电机立马正转;正转一会,电机离开限位开关 SQ1,其所有触点复位,但由于 KA1 线圈自锁,电机仍然持续正转。如此反复下去,可以实现电机的自动往返运动。⑤当按下停止按钮 SB1,直流供电均断开,电磁继电器 KA1 和 KA2 均失电,此时不管是正转还是反转,电机都会停止。⑥如果电机在停止的时候,按下反转按钮,KA2 常开触点 5-9 闭合,电磁继电器 KA2 形成自锁,电机开始反转。⑦正转按钮或反转按钮只能在电机停止的时候按下,电机运行过程中不能按。

2)接近开关自动往返控制

接近开关自动往返控制与限位开关自动往返控制的区别是接近开关控制电磁继电器的线圈,通过电磁线圈的触点进行控制;限位开关自动往返控制是其触点直接进行控制。接近开关自动往返控制的控制原理这里不再赘述,如图 3-1-19 所示是接近开关自动往返控制的电气原理图,图 3-1-19 中接近开关为三线 PNP NO 型接近开关。

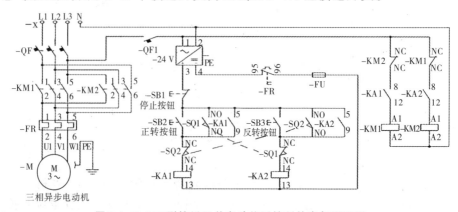

图 3-1-19 PNP型接近开关自动往返控制的电气原理图

注意:可以采用NPN型,只是控制电磁继电器KA3和KA4时信号端输出电压即可。

三、任务实施

1. 任务说明

本任务要求:①按下正转按钮,小车电动机持续正转;②感应左限位接近开关,小车电动机可以持续反转;③感应右限位接近开关,小车电动机可以持续正转;④小车电动机正转(向左)过程中不感应左限位接近开关,触碰左极限限位开关,小车电动机立即停机;⑤电机反转(向右)过程中不感应右限位接近开关,触碰右极限限位开关,小车电动机立即停机;⑥不管小车电动机是正转还是反转,按下停止按钮小车电动机均能停止。

根据工业机器人工作站小车自动往返运动控制电气原理图,首先明确系统控制原理和控制方式,根据控制系统中的控制元件组成表,将如图3-1-21所示的电器原理图转换为实物接线,在元件配盘上安装电器元件,安装线槽,选择合适的电缆接线、走线;最后经万用表测试后送电验证三相异步电动机的正反转控制功能。控制系统使用电磁继电器实现起保停控制,使用2个交流接触器来控制1台三相电动机的正反转运动功能,低压断路器实现交流配电和电源保护功能,2个PNP型三线常开触点接近开关为电动机的自动往返运行提供保障,2个限位开关为自动往返运动提供往返限位停止功能。

注意:左右极限限位仅控制停止,不能自动正反转控制;如果碰到左右极限限位后需要继续实现自动正反转控制,这时候需要手动控制三相异步电动机正转或反转,消除极限限位开关的控制才可以继续自动正反转控制。

小车自动往返控制如图3-1-20所示。

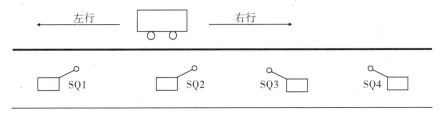

(a)左极限限位开关 (b)左限位接近开关 (c)右限位接近开关 (d)右极限限位开关

图3-1-20 小车自动往返控制

如图2-4-21所示的接近开关也可以根据需要使用PNP的,接线的时候注意更改;另外限位开关也可以使用接近开关实现,实现的过程可以利用电磁继电器来转接控制。

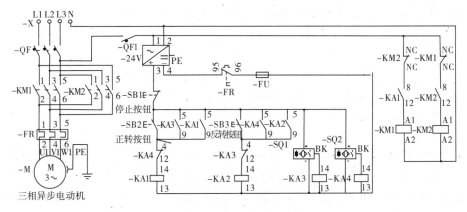

图3-1-21 工业机器人工作站小车自动往返控制电气原理图

工业机器人工作站小车自动往返控制元件组成表如表 3-1-1 所示。

表 3-1-1 工业机器人工作站小车自动往返控制元件组成表

元件名称	数量	规格型号	备注
电动机	1 台	三相异步电动机，2.2 kW	
低压断路器	1 个	6 A，3 极	或采用漏电保护断路器
低压断路器	1 个	1 A，1 极	或采用漏电保护断路器
开关电源	1 个	100 W	
低压熔断器	1 个	圆筒形帽熔断器，3 A	带导轨安装底座
电磁继电器	4 个	直流线圈 24 V DC、8 脚	带底座
交流接触	2 个	额定电压 380 V，额定电流 6 A，线圈电压交流 220 V，一组常开/常闭辅助触点	
热过载继电器	1 个	独立安装，额定电流 7.2 A，可整定电流范围 4.5～7.2 A	
限位开关	2 个	滚轮式，1 组常开/常闭辅助触点	
接近开关	2 个	直流 24 V、三线制、NPN、NO 型	
按钮	3 个	Φ22，常开自复位 2 个，常闭自复位 1 个	使用按钮盒安装

说明：如果没有三相异步电动机我们可以采用如图 3-1-22 所示的简化电气原理图来进行实物的搭建；搭建系统简易系统通过两种颜色的灯来反映三相异步电动机的正转和反转。

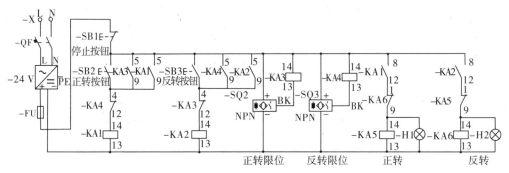

图 3-1-22 工业机器人工作站小车自动往返简化控制电气原理图

2. 任务实施步骤

（1）根据图 3-1-21，读懂电气原理图，条理清晰地描述并列出系统控制的控制过程，注意描述自锁控制回路、自动正反转切换控制。

（2）搭建电气实物。

搭建流程：①选择合适的电器安装工具，在配盘上安装固定好电器元件、线槽和 DIN 导轨；②根据电气原理图选择合适的电器接线工具，搭建控制回路。

（3）系统顺序控制功能验证。

验证流程：①低压断路器 QF 合闸前设备状态测试，使用万用表交流 750 V 测量三相电源的电压是否为 380～420 V 之间，使用万用表的通断档测试开关电源的正负极有没有短路的故障；②低压断路器合闸后，使用万用表直流 200 V 测量开关电源输出电压是否为 24 V；③按下正转按钮，观察电动机是否可以正转，松开正转按钮，观察电动机是否可以保持正转的状态；④感应左限位接近开关，观察电动机是否可以反转；⑤感应右限位接近开关，观察电动机是否可以正转;⑥电机正转(向左)过程中不感应左限位接近开关,触碰左极限限位开关SQ1,观察电动机能否停机;⑦电机反转(向右)过程中不感应右限位接近开关,触碰右极限限位开关SQ4,观察电动机能否停机;⑧不管电动机是正转还是反转,按下停止按钮观察电动机能否停止。

3. 任务目标

本任务的目标有:①自锁控制回路、自动往返控制描述正确;②实物接线正确,系统所有功能验证正确。

四、任务拓展

1. 限位开关和接近开关常见故障说明

限位开关和接近开关常见故障说明如表3-1-2所示。

注意:由于接近开关一般都封装好了,一般不能拆卸,所以出现故障就需要更换。

表3-1-2 限位开关和接近开关常见故障说明

故障设备	故障现象	故障的可能原因及其解决方法
限位开关	车架碰撞限位开关后,触头不动作	原因:触头松动或安装位置不对。 解决方法:①拆下限位开关,检查滚珠摆杆是否有故障,如已松动自行处理即可,如摆杆无问题,可以先排除车架碰撞行程不足以触发触点动作这个故障,尝试调整安装位置进行验证;②拆下限位开关,手动动作限位开关触点仍不动作,可以确定是限位开关内部已经损坏了
	摆杆已偏转或无车架碰撞,触头不复位	原因:内部卡阻或复位弹簧失效。 解决方法:①拆下限位开关,手动检查限位开关能否自行复位,如能自行复位则证明是碰撞过多造成复位故障,调整滚珠摆杆长度或限位开关位置;②如果手动不能复位,则限位开关内部弹簧失效或卡阻的故障,需维修或更换限位开关
接近开关	实际检测中信号时有时无	原因:安装不合理。 解决方法:调整安装距离,要尽可能地靠近被检测金属物体,金属被测物在运动中不能碰擦电感接近开关的测量头
	无反馈信号	原因:供电电源故障。 解决方法:①检查电感接近开关的电压,当供电电压低于21 V后,电感接近开关就会无输出信号;另外特别需要避免交流电压接入电感接近开关;②如果供电电压正常,仍无反馈信号,可以更换一个电感接近开关作对比,检查当前的电感接近开关是否已经损坏

2. 思考与练习

根据附件4,完成产品检测信号应用控制。

◀ 任务2 工业机器人工作站安全门控制 ▶

一、任务描述

工业机器人作业范围内如果有人进入,极有可能造成重大的安全责任事故。如何实现安全生产,在工业机器人工作站里是必不可少的环节。如图3-2-1所示为通过安全光栅实现的安全门控制。

本任务的要求：①根据工业机器人工作站安全门控制的电气原理图，掌握光电开关使用、安装；②以电气原理图为基础，完成工业机器人工作站安全门控制控制所需的元器件安装、系统通电调试。

安全光栅的安全门控制如图 3-2-1 所示。

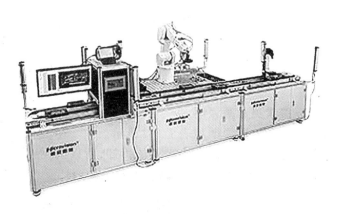

图 3-2-1 安全光栅的安全门控制

二、相关知识

1. 光电开关

光电开关（见图 3-2-2）是光电接近开关的简称。它是利用被检测物对光束的遮挡或反射，由同步回路接通电路，从而检测物体的有无；光电开关分为对射式和漫反射，对射式光电开关由发射器和接收器组成，漫反射光电开关发送和接收一体。

（a）对射式光电开关　　（b）漫反射光电开关　　（c）U形槽微型光电开关

图 3-2-2 光电开关

光电开关的特点：物体不限于金属，所有能反射光线（或者对光线有遮挡作用）的物体均可以被检测。光电开关使用的冷光源有红外光、红色光、绿色光和蓝色光等，可非接触、无损伤地迅速和控制各种固体、液体、透明体、黑体、柔软体和烟雾等物质的状态和动作。具有体积小、功能多、寿命长、精度高、响应速度快、检测距离远以及抗光、电、磁干扰能力强的优点，缺点是对环境要求较高。

1）光电开关的电气符号

光电开关的文字符号使用 B 表示，如图 3-2-3 所示，对对射式需要同时绘制发生器和接收器。

（a）对射式光电开关　　　　　　（b）漫反射式光电开关

图 3-2-3 对射式和漫反射式光电开关的电气符号

2）光电开关的典型应用

光电开关的使用接线和接近开关一样,这里不再说明。在图3-2-4中,选用三线制PNP、NO型对射式光电开关,当没有物体遮挡时,光电开关被触发其触点闭合,直流24 V灯H被点亮。

光电开关典型控制如图3-2-4所示。

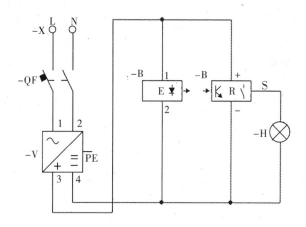

图 3-2-4 光电开关典型控制

2. 磁感应开关

磁感应开关(见图3-2-5)主要是指霍尔接近开关,其工作原理是霍尔效应,当磁性物体接近霍尔开关时,霍尔接近开关的状态改变,比如从"开"变为"关"。

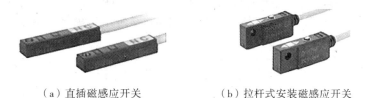

（a）直插磁感应开关　　　　　（b）拉杆式安装磁感应开关

图 3-2-5 磁感应开关

磁感应开关的特点:体积小,只能检测磁性物体,在气缸位置控制使用较为常见,如图3-2-6所示。磁感应开关和磁环配合使用,用于检测气缸的位置。磁感应开关气缸应用如图3-2-6所示。

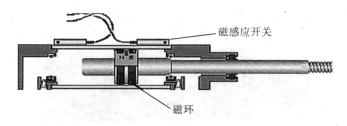

图 3-2-6 磁感应开关气缸应用

磁感应开关的分类:磁感应开关可分为触点型磁感应开关和无触点型磁感应感应开关,无触点型使用了磁敏传感器和电子电路感应磁环,触点型使用舌簧检测磁环的位置。如表3-2-1所示为磁感应开关的对比表。

表3-2-1 磁感应开关的对比

磁性开关	有触点型 D-A93、D-A73、D-C73 D-Z73	无触点型 D-M9B、D-M9N D-M9P、D-F8B、D-F8N D-M9BV、D-M9NV
漏电流	无	3线式：100μA 以下 2线式：0.8 mA 以下
动作时间	1.2 ms	≤1 ms
可靠性	较高	高
迟滞	大	小
安装空间	大	小
自激振荡	有	无
耐冲击性能	300 m/s^2	1000 m/s^2
耐电压	AC1500 V,持续 1 min(电缆和壳体之间)	AC1000 V,持续 1 min(电缆和壳体之间)
负载	PLC,IC 回路继电器小型电磁阀	
使用电压	DC24(100,48,12,8,5,4) AC 200/100(48,24,12,5)	DC24(10～28 V)
动作范围	5～14 mm	3～10 mm
磁滞区间	2 mm	小于1 mm
寿命	千万至亿次	半永久

　　磁感应开关按接线分为二线制和三线制,三线制有 NPN 型和 PNP 型,在选择磁感器开关的时候均要确定是属于 NO 型还是 NC 型,如图3-2-7所示为磁感应开关的电气符号。

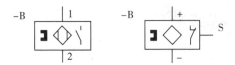

（a）二线磁感应开关　（b）三线磁感应开关

图3-2-7 磁感应开关的电气符号

3. 安全门开关

　　安全门开关(见图3-2-8)主要对安全门的状态进行监控,一旦安全门被打开,工作区内设备立即停止运行,防止对进入工作区的操作人员造成人身伤害。

图3-2-8 安全门开关

　　1)安全门开关的结构原理和电气符号

　　安全门开关结构原理图如图3-2-9所示。安全门开关是由相互独立的两部分组成:开关本体和开关的操动件;当安全防护门打开时,开关操动件被从开关本体中拉出,此时开关内的常闭触点会通过一个机械反弹装置断开;当安全防护门闭合时,开关操动件插入开关本体内,此时常闭触点闭合,这样机器设备的驱动或控制系统才能通电工作。

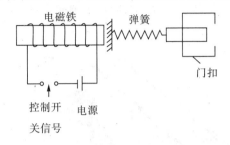

图 3-2-9 安全门开关结构原理

在任何情况下,具有单独分离式操动件的安全保护开关,都不允许用作机械停止开关。如图 3-2-10 所示是安全门开关电气符号。

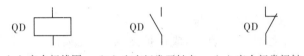

(a)安全门线圈　　(b)安全门常开触点　　(c)安全门常闭触点

图 3-2-10 安全门开关电气符号图

安全门开关的分类如下。①接触式安全门开关:通常用在不经常被打开的维护安全门上。②非接触式安全门开关:用在频繁打开关闭的安全门上。③带锁定功能的安全门开关:一般用在全自动设备上,防止人为自由打开安全门影响设备正常运行甚至报废产品,只有在被允许的情况下才能打开安全门。

2)安全门开关的典型应用

通过电磁继电器控制安全门开关控制的线圈,当门锁上后通过安全门开关的触点点亮灯,以示警戒。安全门开关的典型应用如图 3-2-11 所示。

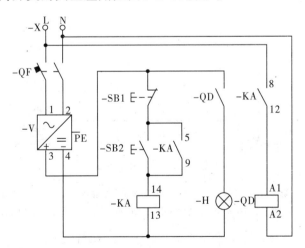

图 3-2-11 安全门开关的典型应用

安全门开关的典型应用工作原理:①合上低压断路器 QF 后,开关电源可以提供直流24 V 电源;②按下按钮 SB2,电磁继电器 KA 得电并自锁;③电磁继电器另外一组辅助触点8-12 闭合,使得安全门开关线圈有 220 V 交流电,安全门锁立马电伸出锁住门,同时其辅助常开触点闭合,点亮 24 V 指示灯,指示灯一般用于标明安全门已经锁上。

4. 安全光栅

安全光栅（见图 3-2-12）是光电安全保护装置，一般来说安全光栅成对存在，分为发射端和接收端，主要起到保护人身的安全。

安全光栅有别于一般传感器的特征：具备安全等级要求，可用于工业机器人行业操作者的人身安全检测领域。

图 3-2-12 安全光栅

1）安全光栅的结构原理和电气符号

安全光栅是通过一组红外线光束，形成保护光栅，当光栅出现被遮挡时，光电保护装置发出信号，控制具有潜在危险的机械设备停止工作。

如图 3-2-13 是安全光栅结构原理图。发光器发出若干束不可见红外光束，受光器接收来自发光器的红外光束，形成了一个矩形检测光幕。整套光栅以逐光束扫描的方式进行探测，任何大于一定尺寸的不透明物体（如操作者人体某一部分，不透明工件等）侵入光幕区域，就会造成遮光。安全光栅检测到遮光，会在响应时间 20 ms 内进入"异常"状态–中断输出（如继电器由闭合进入断开状态，晶体管进入截止状态等），如图 3-2-14 所示为安全光栅的电气符号图。

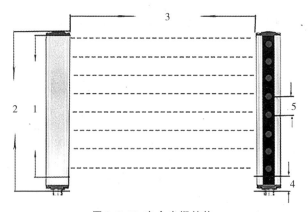

图 3-2-13 安全光栅结构

1—保护高度：（光点数 -1）×间距；2—总高度：保护高度+盲区；3—对射距离：默认三米（特殊可达 10 m）；4—盲区；5—间距：10 mm（识别手指）、20 mm（识别手掌）、40 mm（识别手臂）

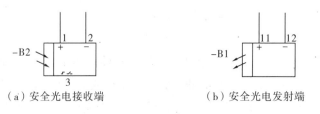

（a）安全光电接收端　　　　　　　　（b）安全光电发射端

图 3-2-14 安全光栅电气符号图

2）安全光栅的接线

安全光栅接收和发射CP端短接,经过电源连接后形成三线制NPN/PNP型的出线。

安全光栅的接线如图3-2-15所示。

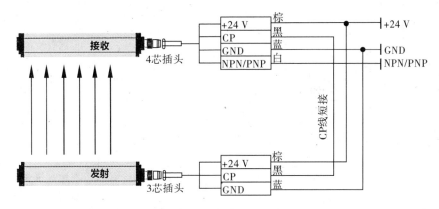

图3-2-15 安全光栅的接线

三、任务实施

1.任务说明

工业机器人工作站安全门控制任务具体流程如下:①按下启动按钮后,安全门锁伸出(气缸示意),安全门关灯亮;②系统启动后感应光电开关,安全门报警灯亮;③关闭按钮,安全门缩回,安全门开灯亮;④在安全门关闭的状态下,感应光电开关,注意对比观察此时的安全门报警灯是不会亮的。

本任务要求根据工业机器人工作站安全门控制电气原理图,首先明确系统控制原理和控制方式,根据控制系统中的控制元件组成表,将图3-2-16电器原理图转换为实物接线,在元件配盘上安装电器元件,安装线槽,选择合适的电缆接线、走线;最后经测试后送电验证安全门控制功能。控制系统使用电磁继电器实现起保停控制,使用1个气缸电磁阀控制气缸模拟锁门功能,2个NPN型三线常开触点磁感应开关为提供气缸的位置,模拟现实开门和关门的控制显示,1个对射式光电开关模拟安全栅的功能。

注意:安全栅和安全门锁必须在启动按钮按下后才能有效控制,特别是安全光栅,如果没有启动,安全光栅是不能动作报警的。

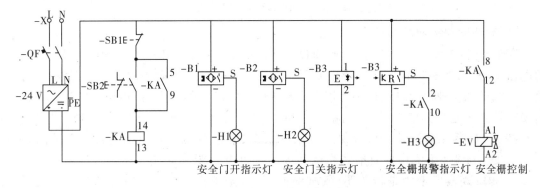

图3-2-16 安全门控制原理图

安全门控制的元件不一定需要气缸,也可以使用指示灯来替代控制过程显示。本任务以模拟的任务为主。

工业机器人工作站安全门控制文件组成表如表 3-2-2 所示。

表 3-2-2　工业机器人工作站安全门控制元件组成表

元件名称	数量	规格型号	备注
气缸	1 台	双作用气缸	带磁环
电磁阀	1 个	二位五通、直流 24 V	控制气缸的开关
低压断路器	1 个	1 A，2 极	或采用漏电保护断路器
开关电源	1 个	100 W	
电磁继电器	1 个	直流线圈 24 V DC、8 脚	带底座
磁感应开关	2 个	直流 24 V、PNP、NO 型、三线制	
对射光电开关	1 个	直流 24 V、三线制、PNP、NO 型	
按钮	3 个	Φ22，常开自复位 2 个，常闭自复位 1 个	使用按钮盒安装
指示灯	3 个	Φ22，黄绿红各 1 个	使用按钮盒安装

2. 任务实施步骤

（1）根据图 3-2-15，读懂电气原理图，条理清晰地描述并列出系统控制的控制过程，注意描述自锁控制回路、安全门锁控制、安全栅控制。

（2）搭建电气实物。

搭建流程：①选择合适的电器安装工具，在配盘上安装固定好电器元件、线槽和 DIN 导轨；②根据电气原理图选择合适的电器接线工具，搭建控制回路。

注意：搭建实物接线过程中，由于使用直流 24 V 电源的设备较多，如果都集中在开关电源的正负极接线端子处肯定是接不下去，建议通过端子排转接，如图 3-2-17 所示。

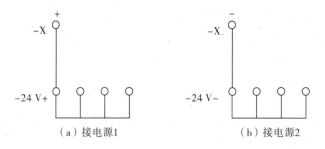

（a）接电源1　　　　　　　（b）接电源2

图 3-2-17　端子排转接 24 V 电源

（3）系统顺序控制功能验证。

验证流程：①低压断路器 QF 合闸前设备状态测试，使用万用表交流 750 V 测量三相电源的电压是否为 220～240 V 之间，使用万用表的通断档测试开关电源的正负极有没有短路的故障；②低压断路器合闸后，使用万用表直流 200 V 测量开关电源输出电压是否为 24 V；③观察安全锁是否是打开状态，按下启动按钮 SB2，观察安全锁是否可以伸出（气缸伸出），松开启动按钮，观察安全锁是否可以保持伸出的状态，并注意观察安全锁是否处于关闭状态；④感应安全光栅（用手挡住对射式光电开关的发射极），观察安全光栅是否报警；⑤按下停止按钮 SB1，观察安全锁是否关闭（气缸缩回）且安全锁指示灯处于打开的状态；⑥安全锁处于打开的状态时，感应安全光栅，注意此时安全光栅不会报警。

3. 任务目标

本任务的目标有：①自锁控制回路、安全门锁控制、安全栅控制描述正确；②实物接线正确,系统所有功能验证正确。

四、任务拓展

1. 安全门常见故障说明

安全门常见故障表如表3-2-3所示。

表3-2-3 安全门常见故障表

故障设备	故障现象	故障的可能原因及其解决方法
光电开关	实际检测中信号时有时无、有干扰	原因:有异物阻挡。 解决方法:①检查光电开关的镜面发射/接收头;②排查光电开关和被检测的中空台之间不能有任何物体遮挡
	信号灯不亮或较正常时暗,无反馈信号	原因:供电电源故障或光电开关内部短路。 解决方法:①检查光电开关的供电电源,焊接机器人工作站光电开关采用的是24 V供电,当供电电压低于21 V后,光电开关就会无输出信号,另外特别需要避免交流电压接入光电开关;②如果供电电压正常,可以更换一个光电开关作对比,检查当前的光电开关是否已经损坏
安全光栅	光幕误动作	原因:光幕光学表面变脏。 解决方法:①检查安全光栅发射和接收端光学表面是否有油污、金属屑、灰尘等引起安全光栅误动作;②检查安全光栅电源接线端子和信号接线端子是否有虚接的情况和安全光栅是否正确良好接地
	安全光栅触点不动作	原因:供电电源故障或光电开关内部短路。 解决方法:①检查安全光栅的供电电源,焊接机器人工作站安全光栅采用的是24 V供电,当供电电压低于21 V后,光电开关就会无输出信号,另外特别需要避免交流电压接入光电开关;②如果供电电压正常,可以排查是安全光栅的发射端损坏还是接收端损坏,首先可以目测发射端所有灯光是否都发光、发光的亮度是否一致,如果不一致则证明安全光栅内部发射端有发光点短路,其次如果目测安全光栅发射端发光都正常,可以尝试更换接收端,测试是否可以正常工作,如果可以则确定是接收端出线故障,最后如果更换接收端安全光栅仍然不能正常工作,则需要发射端也更换,排查整个安全光栅是否有故障
安全门开关	触点不动作	原因:钥匙滑动不到位或接线螺钉松动。 解决方法:①检查插入滑动柄,直到红色操作指示灯完全显示在操作显示窗口中;②检查触点的接线螺钉是否拧紧;③如果第一步和第二部检查都没有问题,更换一个新的安全门开关,确定当前安全门开关是否已经损坏
磁感应开关	实际检测中信号时有时无	原因:安装不合理。 解决方法:调整安装距离,由于磁感应开关是和安装在气缸内部的磁环配合使用的,目视无法确认磁环的具体位置,因此如果出现信号时有时无的现象可以移动磁感应开关的安装位置
	无反馈信号	原因:供电电源故障。 解决方法:①检查磁感应开关的电压,焊接机器人工作站磁感应开关采用的是24 V供电,当供电电压低于21 V后,磁感应开关就会无输出信号;另外特别需要避免交流电压接入磁感应开关;②如果供电电压正常,仍无反馈信号,可以更换一个磁感应开关作对比,检查当前的电感接近开关是否已经损坏

2. 思考与练习

根据附件4,完成产品检测信号应用控制。

◀ 任务3 工业机器人工作站人机交互控制 ▶

一、任务描述

工业机器人工作站的控制过程离不开人的参与。人要控制工业机器人离不开主令控制电气设备,如按钮、急停按钮、双手操作盒等。

本任务的要求:①根据工业机器人人机交互控制的电气原理图,掌握按钮、急停按钮、双手操作盒的使用、安装;②以电气原理图为基础,自制双手操作盒,完成工业机器人工作站人机交互控制所需的元器件安装、系统通电调试。

双手操作盒控制焊接工业机器人如图3-3-1所示。

图3-3-1 双手操作盒控制焊接工业机器人

二、相关知识

1. 按钮

按钮(见图3-3-2)是指利用按钮推动传动机构,使动触点与静触点接通或断开并实现电路换接的开关。按钮是一种结构简单,应用十分广泛的主令电器。在电气自动控制电路中,用于手动发出控制信号以控制接触器、继电器、电磁起动器等。

(a)平头按钮　　(b)选择按钮

图3-3-2 按钮

1)按钮的结构原理和电气符号

按钮开关的结构由按钮帽、复位弹簧、固定触点、可动触点、外壳和支柱连杆等组成。在按钮未按下时,动触头与上面的静触头是接通的,这对触头称为常闭触头。此时,动触头与下面的静触头是断开的,这对触头称为常开触头;按下按钮,常闭触头断开,常开触头闭合;松开按钮,在复位弹簧的作用下恢复原来的工作状态。

按钮结构原理图如图3-3-3所示。

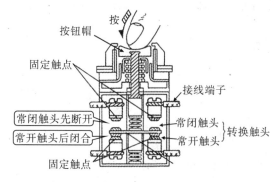

图 3-3-3 按钮结构原理图

按钮的触点为无源触点,即按钮按下仅仅是触点接通;触点的按点分可以分为一常开型、一常闭型、两常开型、两常闭型、复合按钮一开一闭型,如图3-3-4所示为按钮的组成。

图 3-3-4 按钮的组成

复合按钮也称为组合按钮,其是指在同一个按钮上增加了多了触点,比较常见的是同时又常开和常闭触点,如图3-3-5所示为自复位按钮的电气符号。

（a）常开按钮　（b）常闭按钮　（c）复合按钮

图 3-3-5 自复位按钮电气符号

2）按钮的分类

（1）自复位按钮:操作头类型为弹簧复位,即按下按钮常开触点闭合常闭触点断开,松开按钮后常开常闭触点复位。

自复位按钮的组成如图3-3-6所示。

图 3-3-6 自复位按钮的组成

1—按钮头;2—中座;3—LED模块;4—常开触点

（2）自锁按钮也称为按钮开关，操作头类型为"按-按"，即按下按钮常开触点闭合常闭触点断开，松开按钮后常开触点仍保持闭合、常闭触点仍保持断开，当再次按下按钮后常开常闭触点复位。

自锁按钮的电气符号如图3-3-7所示。

（a）常开自锁按钮　　　（b）常闭自锁按钮

图 3-3-7　自锁按钮的电气符号

（3）带灯按钮如图3-3-8所示。操作头类型为弹簧复位，灯源为24 V交直流灯源，其特点是按钮和指示灯合为一体，如图3-3-8所示为施耐德XA2EW31B1白色带灯按钮；带灯按钮绘制电气原理图的时候，按钮和灯分开绘制，只是接线的时候需要注意接灯点和按钮点。如果需要灯显示，则建议采购带灯按钮，至少可以少开一个安装孔。

（4）急停按钮如图3-3-9所示。操作头类型为旋转复位紧急停止按钮，为设备发生异常或有误操作时，使设备紧急停止，如图3-3-9所示为施耐德XA2ES542急停按钮。

图 3-3-8　白色带灯按钮　　　　　　　图 3-3-9　急停按钮

急停按钮选型时遵照的标准如下。①适用带直接断开机构的常闭触点。②按钮为红色，环形标示板为黄色，形状是掌形或蘑菇形。③按钮头被按下后必须一直保持停止状态，只能手动复位。④急停开关在机器的停止和运行状态下均应有效，并且优于其他任何控制。⑤急停开关的安装位置应在操作控制台或工位附近，紧急情况能够立即操作开关。

急停按钮的电气符号如图3-3-10所示。

（5）选择按钮如图3-3-11所示。选择按钮也称为选择开关，有两位/三位自锁和自复之分，自锁的选择开关操作头类型为锁定，即手动开到一个位置可以保持这个状态到下一次手动再次操作；自复的选择开关操作头类型为弹簧自复位，即手动开到一个位置后会自动返回初始位置，如图3-3-11所示为施耐德XA2ED21选择自复位开关。

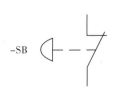

图 3-3-10　急停按钮的电气符号　　　　图 3-3-11　选择按钮

选择按钮的电气符号和自锁按钮有些许的区别,如图3-3-12所示为两位选择按钮的电气符号。

(6)钥匙按钮如图3-3-13所示。钥匙按钮也称为权限按钮,其特点是开关需要通过钥匙才能动作,如图3-3-13所示为施耐德ZB4BS72钥匙按钮。要是按钮的电气符号也选择按钮一样。

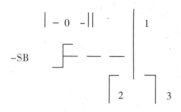

图3-3-12 两位选择按钮电气符号

图3-3-13 钥匙按钮

(7)双手操作台如图3-3-14所示。双手操作台也称为双手操作盒,其由2个按钮和1个急停按钮组成,双手操作台设计用于有潜在危险的机械设备。它配合整体保护方案,单独针对操作人员实现单人保护,如图3-3-14所示为施耐德XY2SB71双手操作台。

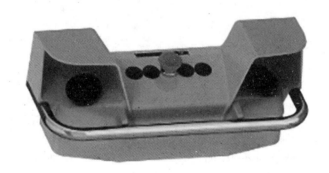

图3-3-14 双手操作台

3)按钮的选择

(1)根据需要使用场合选择合适类型的按钮。

①对需要急停控制的地方一定要使用急停按钮,急停按钮属于自锁型,由于其特殊性,在控制系统中经常可见。

②在电路自锁控制的启动按钮一定要使用自复位常开按钮,一旦电路中出现故障,便可以立即释放自锁控制。停止按钮一定要使用自复位常闭按钮,按下停止后可以方便下次启动。

③自锁型按钮一般使用在需要保持开关状态的地方,如不带自锁的电机启动控制,灯的控制。

④选择按钮和钥匙按钮使用在需要进行选择控制和管理控制的场合使用,如工业机器人电源钥匙启动控制、本地远程选择控制等。

选择举例:嵌装在操作面板上的按钮可选用开启式;需显示工作状态的选用光标式;在非常重要的场合,为防止无关人员误操作,宜用钥匙操作式;在有腐蚀性气体处要用防腐式。

（2）根据控制回路选择触点数量和类型。

触点的类型和数量可以随时进行调整，安装的时候只需要叠加安装即可，如单联钮、双联钮和三联钮等。

（3）根据工作指示和工作情况选择按钮的颜色。

在工业机器人工作站中，为了便于操作人员识别，避免发生误操作，采用不同颜色和符号标志来区分按钮的功能及作用。按钮颜色的含义如表3-3-1所示。

表3-3-1　按钮颜色的含义

颜色	含义	说明	应用示例
红色	紧急	危险或紧急情况时操作	急停按钮
黄色	异常	异常情况时操作	干预、制止异常情况干预、重新启动中断了的自动循环控制
绿色	安全	安全情况或正常情况准备时操作	启动/接通
蓝色	强制性的	要求强制动作情况下的操作	复位功能
白色	未赋予特定含义	除急停以外的一般功能的启动	启动/接通（优先）停止/断开
灰色			启动/接通停止/断开
黑色			启动/接通停止/断开（优先）

注意：如果用代码的辅助手段（如标记、形状、位置）来识别按钮操作件，则白、灰或黑同一颜色可用于标注各种不同功能（如白色用于标注起动／接通和停止）。

4）按钮的安装与使用

（1）将按钮安装在面板上时，应布置整齐，排列合理，可根据电动机启动的先后次序，从上到下或从左到右排列。

（2）按钮的安装固定应牢固，接线应可靠。应用红色按钮表示停止，绿色或黑色表示启动或通电，不要搞错。

（3）由于按钮触头间距离较小，如有油污等容易发生短路故障，因此应保持触头的清洁。

（4）安装按钮的按钮板和按钮盒必须是金属的，并设法使它们与机床总接地母线相连接，对于悬挂式按钮必须设有专用接地线，不得借用金属管作为地线。

（5）按钮用于高温场合时，易使塑料变形老化而导致松动，引起接线螺钉间相碰短路，可在接线螺钉处加套绝缘塑料管来防止短路。

（6）带指示灯的按钮因灯泡发热，长期使用易使塑料灯罩变形，应降低灯泡电压（推荐使用直流24 V的LED灯），延长使用寿命。

（7）"停止"按钮必须是红色；"急停"按钮必须是红色蘑菇头式；"启动"按钮必须有防护挡圈，防护挡圈应高于按钮头，以防意外触动使电气设备误动作。

按钮的安装如图3-3-15所示。

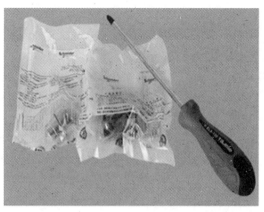

（a）准备好相关产品及工具

（b）基座置于面板后

（c）按钮头对准安装孔安装于面板前

（d）用螺丝刀紧固螺丝

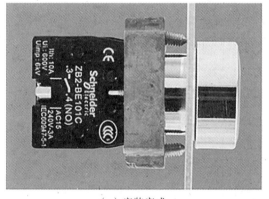

（e）安装完成

（f）安装完成展示

图 3-3-15 按钮的安装

2. 典型按钮的控制电路

1）自复位按钮

自复位按钮在工业控制中使用较多，最常见的是启保停控制，由于之前有过介绍，这里不再赘述。

2）自锁选择按钮

自锁按钮和自锁选择按钮的区别是自锁按钮相当于开关，而自锁选择按钮是可以选择的，这里一自锁选择按钮为例进行说明。

自锁选择按钮应用如图3-3-16所示。

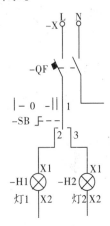

图3-3-16 自锁选择按钮应用

控制原理：①闭合低压断路器QF，此时选择按钮SB处于中间位置，两个灯均不亮；②当选择按钮打到2档处灯1亮，当选择开关打到3档处灯2亮。

3）急停按钮

急停按钮用于整个控制的停止，具有较高的优先级，因此安装在控制回路的主回路上；另外急停按钮触点必须是常闭触点。

急停按钮的应用如图3-3-17所示。

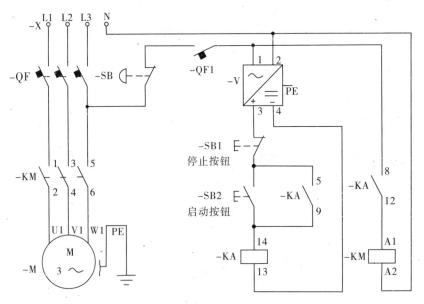

图3-3-17 急停按钮的应用

图3-3-17中急停按钮安装在主控制回路中，当按下急停按钮SB，不管是直流回路还是交流回路均断电，可以有效保证电机可以停止。

4）复合按钮

复合按钮是指按钮按下去后，多个触点同时动作的按钮；复合按钮在工程实际中应用较为广泛，在使用中灵活多变。下面以复合按钮实现电动机的正反转切换控制，即正转启动后可以直接按反转按钮实现，而不需要先按停止按钮才能按反转按钮实现反转。

复合按钮实现电机正反转控制如图3-3-18所示。

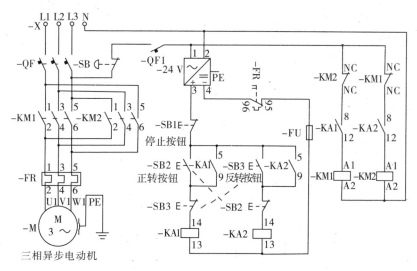

图 3-3-18 复合按钮实现电机正反转控制

控制原理如下。①按下正转按钮SB2,SB2按钮的常闭触点断开,切断反转控制回路的电磁继电器KA2的电源,电磁继电器KA2失电,电机反转无论什么情况都会停止;同时SB2的常开按钮闭合,电磁继电器KA1的两端有电压,电磁继电器KA1线圈得电,电机正转。②在正转过程中直接按下反转按钮SB3,SB3按钮的常闭触点断开,切断正转控制回路的电磁继电器KA1的电源,电磁继电器KA1失电,电机正转停止;同时SB3的常开按钮闭合,电磁继电器KA2的两端有电压,电磁继电器KA2线圈得电,电机反转。③按下停止按钮SB1或急停按钮SB,电动机不管出于正转还是反转都会停机;需要注意的是按下急停按钮后,如果要继续启动,必须要先松开急停按钮才可以正常启动电机。

三、任务实施

1. 任务说明

本任务要求:①低压断路器合闸,黄灯闪烁;②按下双手操作盒,绿灯常亮且黄灯熄灭;③按下停止按钮,绿灯熄灭,黄灯开始闪烁;④按下急停按钮,只有红灯亮。

根据工业机器人工作站人机交互控制电气原理图,首先明确系统控制原理和控制方式,根据控制系统中的控制元件组成表,将图 3-3-19 电气原理图转换为实物接线,动手制作双手操作盒,并在元件配盘上安装其他的电器元件,安装线槽,选择电缆接线、走线;最后经测试后送电验证人机交互控制功能。控制系统使用双手按钮实现起保停控制,使用1个急停按钮控制系统急停和急停显示,当双手按钮未启动的时候使用2个时间继电器控制黄灯闪烁。

注意:时间继电器选择通电延时时间继电器,时间继电器1定时时间到后启动时间继电器2,时间继电器2定时时间到后其常闭点复位时间继电器1;由于时间继电器1复位,其触点也马上断开,时间继电器2也跟着复位,时间继电器2的常闭点闭合;如此时间继电器1又重复开始计时,重复刚开始的动作。经过2个时间继电器形成了间隔时间脉冲比可调的脉冲,如图 3-3-19 所示的时间脉冲。

KT1 KT2 KT1 KT2 KT1 KT2 KT1 KT2

图 3-3-19 时间脉冲

人机交互控制电气原理图如图3-3-20所示。工业机器人工作站人机交互控制元件组成表如表3-3-2所示。

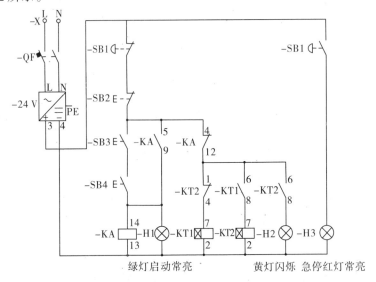

图 3-3-20 人机交互控制电气原理图

表 3-3-2　工业机器人工作站人机交互控制元件组成表

元件名称	数量	规格型号	备注
双手操作盒	1台	2个自复位—常开型平头按钮、Φ22	自制
低压断路器	1个	1 A，2极	或采用漏电保护断路器
开关电源	1个	100 W	
电磁继电器	1个	直流线圈24 V DC、8脚	带底座
时间继电器	2个	直流24 V、通电延时、8脚	带底座
急停按钮	1个	红色急停按钮，常开常闭型、Φ22	
停止按钮	1个	自复位常闭型平头按钮、Φ22	使用按钮盒安装
指示灯	3个	Φ22，黄绿红各1个	使用按钮盒安装

2. 任务实施步骤

（1）根据图3-3-20，读懂电气原理图，条理清晰地描述并列出系统控制的控制过程，注意描述双手按钮操作盒控制回路、黄灯闪烁控制、急停指示控制。

（2）搭建电气实物。

搭建流程：①选择合适的电器安装工具，在按钮盒上安装双手操作按钮，制成可靠的双手操作盒，在配盘上安装固定好其他的电器元件、线槽和DIN导轨；②根据电气原理图选择合适的电器接线工具，搭建控制回路。

（3）系统顺序控制功能验证。

验证流程：①低压断路器QF合闸前设备状态测试，使用万用表交流750 V测量三相电源的电压是否为220～240 V之间，使用万用表的通断档测试开关电源的正负极有没有短路的故障；②调整好2个时间继电器的设定时间，给低压断路器合闸，使用万用表直流200 V测量开关电源输出电压是否为24 V，并观察黄灯是否在闪烁；③按下双手操作盒的SB3按钮和SB4按钮，松开双手，观察绿灯是否可以常亮且黄灯熄灭；④按下停止按钮，观察绿灯熄灭，黄灯又开始闪烁；⑤按下急停按钮，观察系统是否只有红灯亮。

3. 任务目标

本任务的目标有：①双手按钮操作盒控制回路、黄灯闪烁控制、急停指示控制描述正确；②实物接线正确，系统所有功能验证正确。

四、任务拓展

1. 按钮常见故障说明

按钮常见故障说明如表3-3-3所示。

表3-3-3　按钮常见故障说明

故障设备	故障现象	故障的可能原因及其解决方法
按钮	按钮按下触点不动作或按不动	原因：按钮损坏。 解决方法：①检查按钮内部是否有异物、焊渣、水等。②如果按钮内部干净，建议多几次尝试排除因为操作速度太快而造成切换不稳定，多次尝试仍然不能正常使用需要更换新的按钮
	按钮按下后PLC接收不到信号	原因：触点没动作或接线错误。 解决方法：①检查按钮触点是否动作，可以用万用表测量触点的吸合状态；②如果按钮吸合正确，通电检查按钮公共端是否有电压，如果电压正确则检查按钮信号输出端和PLC输入端之间的接线有无接线端子松动或其他断路故障，如果电压不正确则应向按钮公共端和电源输出端之间的电缆进行线路排查

2. 思考与练习

根据附件5，请完成楼道两地双控。

◀ 任务4　工业机器人应用系统状态显示控制 ▶

一、任务描述

在工业机器人工作站有许多的设备开启后具有一定的安全隐患，通过指示灯、报警器、传感器仪表等实时反映系统或设备的工作状态、故障显示、应急处置等，对操作员判断工作站的工作情况具有重大的意义。

本任务的要求：①根据工业机器人系统状态显示控制的电气原理图，掌握指示灯、蜂鸣器的使用、安装及接线；②以电气原理图为基础，选择工业机器人系统状态显示控制所需的主令电器的型号；③完成工业机器人工作站人机交互控制所需的元器件安装、系统通电调试。

系统状态显示面板如图3-4-1所示。

图3-4-1　系统状态显示面板

二、相关知识

1. 指示灯

指示灯（见图3-4-2）用灯光监视电路和电气设备工作或位置状态的器件，通常用于反映电路的工作状态（有电或无电）、电气设备的工作状态（运行、停运或试验）和位置状态（闭合或断开）等。

（a）面板安装指示灯　　（b）导轨安装指示灯

图 3-4-2　指示灯

1）指示灯的工作原理和电气符号

X1和X2端子接通电源后指示灯即可发光，图3-4-3所示为指示灯的工作原理图。

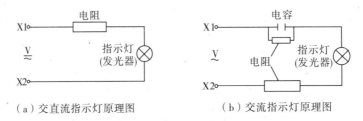

（a）交直流指示灯原理图　　　　（b）交流指示灯原理图

图 3-4-3　指示灯的工作原理图

指示灯的电压较常用的有直流24 V，交流220 V、380 V。如果系统允许，建议使用直流24 V的指示灯。图3-4-4所示为指示灯的电气符号。

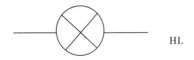

图 3-4-4　指示灯电气符号

2）指示灯颜色的选用

指示灯可用颜色：红色、黄色、绿色、蓝色和白色。在一般工作运用中常将红色信号灯作为电源指示，绿色信号灯作为合闸指示。例：在不可逆控制回路中。根据标准化的要求，应该使用白色信号灯作为电源状态指示，绿色信号灯作为正常运行指示；对只有合闸的指示要求，应采用绿色信号灯。

颜色含义说明举例如下。①红色：紧急情况、危险状态或须立即采取行动压力/温度超越安全状态；因保护器件动作而停机；有触及带电或运动的部件的危险。②黄色：注意情况有变或即将发生变化；临近临界状态压力/温度超过正常范围；保护装置释放；仅能承受允许的短时过载。③绿色：安全、正常状态；允许进行，压力/温度在正常状态；自动控制系统运行正常。④蓝色：强制性，表示需要操作人员采取行动输入指令。⑤白色：没有特殊意义、其他状态；如对红色、黄色、绿色或蓝色存在不确定时，允许使用白色一般信息；不能确切地使用红色、黄色、绿色时，用作"执行"确认指令时指示测量值。

注意：单靠颜色不能表示操作功能或运行状态时，可在器件上或器件近旁，补加必要的图形或文字符号。

3）指示灯的安装

指示灯一般安装在控制柜面板上，开孔的大小为 $\varphi22$，图 3-4-5 所示为指示灯的安装图。

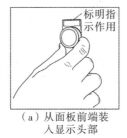

（a）从面板前端装　　　　（b）在面板后面
入显示头部　　　　　　拧紧螺帽

图 3-4-5　指示灯的安装图

2. 蜂鸣器

蜂鸣器（见图 3-4-6）是一种一体化结构的电子讯响器。在自动控制系统中起报警警示的作用；例如工业搬运机器人启动前可以通过蜂鸣器来警示现场的工作人员工业机器人搬运开始，须注意不能进入工作区。

1）蜂鸣器的工作原理和电气符号

蜂鸣片是利用压电效应原理工作的，当对其施加交变电压时它会产生机械振动；常用的蜂鸣器的电压有直流 24 V、交流 220 V，图 3-4-7 所示为蜂鸣器的电气符号，对于直流的蜂鸣器还要标明正负极。

图 3-4-6　蜂鸣器　　　　　　图 3-4-7　蜂鸣器的电气符号

2）蜂鸣器的接线与安装

蜂鸣器的接线可以采用压线端子接线也可以直接连接，图 3-4-8 所示为蜂鸣器接线的一般步骤。

（a）将压线钳把端子跟　　（b）用螺丝刀把里面螺
线压好　　　　　　　丝拧开

（c）将线插入拧开的螺　　（d）把螺丝拧紧，松手即
丝下面　　　　　　　完成

图 3-4-8　蜂鸣器接线步骤

蜂鸣器采用面板安装或安装在接线盒里,图3-4-9所示为蜂鸣器的安装图解。

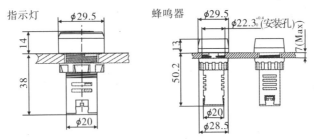

图 3-4-9 蜂鸣器的安装

3. 压力传感器

压力传感器也可称为压力继电器,用于检测气体压力变化的压力传感器,图3-4-10所示为数字压力传感器。

图 3-4-10 数字压力传感器

图3-4-11所示为压力传感器的触点动作原理图,当系统内压力高于或低于额定的安全压力时,感应器内碟片瞬时发生移动,通过连接导杆推动开关接头接通或断开,当压力降至或升额定的恢复值时,碟片瞬时复位,开关自动复位,或者简单地说是当被测压力超过额定值时,弹性元件的自由端产生位移,直接推动或经过比较后推动开关元件,改变开关元件的通断状态,达到控制被测压力的目的。

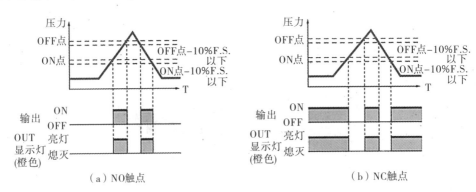

图 3-4-11 压力传感器触点动作原理图

图3-4-12所示为压力传感器的电气符号,其文字符号为PR。

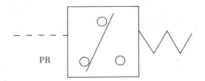

图 3-4-12 压力传感器电气符号

4. 主令电气设备选型应用实例

本任务实例以焊接机器人工作站焊接控制系统为例来说明,焊接工作站由人机交互操作台,焊接控制台和焊接安全门组成。

焊接机器人焊接工作站如图3-4-13所示。

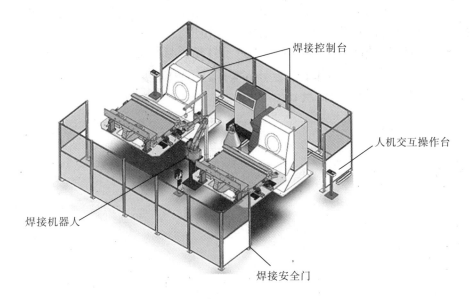

图 3-4-13 焊接机器人焊接工作站

1)焊接控制系统要求

焊接机器人工作站焊接控制系统:①操作台具有电源通电指示、焊接机器人起停控制和起停显示、焊接夹具加紧和松开控制功能和显示等功能;②汽车车架检测系统具有车架来料检测、焊接金属板到位检测、焊接螺钉检测、焊接车架加紧检测等焊接车件检测功能;③焊接安全门允许焊接工作仅在安全门关闭,安全光栅无报警信号的情况下才能工作。

焊接机器人焊接工作站安全门如图3-4-14所示。

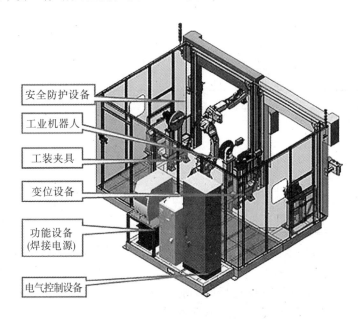

图 3-4-14 焊接机器人焊接工作站安全门

2）人机交互主令电器选型

（1）按钮选型。

表3-4-1为正泰NP2系列按钮技术参数，焊接机器人工作站焊接控制系统人机交互操作台均采用24 V DC供电，故选择按钮的额定电压为24 V的指示灯；焊接夹具启动按钮选用平头式、自复位、绿色、常开按钮；焊接夹具停止按钮选用平头式、自复位、黑色、常开按钮。

注意：每个按钮下都有标识牌，标示该按钮的作用。

按钮选型项目与数据如表3-4-2所示。指示灯光源与额定电压如表3-4-3所示。

表3-4-1　正泰NP2系列按钮计数参数表

项目	数据						
额定绝缘电压UI（V）	415						
约定自由空气发热电流Ith（A）	10						
额定工作电压Ue（V）	415	380	250	240	220	125	110
额定工作电流Ie（A） AC-15	1.9	2.5	—	3	4.5	—	—
DC-13	—	—	0.27	—	0.3	0.55	0.6

表3-4-2　按钮选型项目数据

项目	数据
触点电阻	≤50 mΩ（初始值）
机械寿命	平头式、蘑菇头式、带灯式100万次，其他10万次
电寿命	平头式、蘑菇头式、AC50万次，DC20万次，其他10万次
防护等级	IP40、IP65
短路保护	NT00-16

表3-4-3　指示灯光源与额定电压

指示灯光源	额定电压（V）						阻容式
	直接式						
	6	12	24	48	110	220	380
LED灯	√	√	√	√	√	√	√

（2）双手操作台选型。

双手操作台用于启动和停止焊接机器人，其控制特点是需要双手同时按下按钮才能启动焊接机器人，为了方便双手操作选择施耐德XY2SB714双手操作台；双手操作台集成了急停按钮，其采用是红色蘑菇头式、自锁、常闭按钮。

XY2SB714双手操作台如图3-4-15所示。

图3-4-15 XY2SB714双手操作台

（3）指示灯选型。

焊接机器人工作站焊接系统电源指示灯选用红色指示灯；焊接机器人运行状态指示灯选用黄色指示灯；焊接机器人停止状态选用绿色指示灯或白色指示灯；夹具加紧状态选用红色指示灯；夹具松开状态选用绿色指示灯。

表3-4-4所示为正泰NP2指示灯技术参数，焊接机器人机工作站焊接控制系统人机交互操作台均采用24 V供电，故指示灯应该都选择额定电压为24 V的。

注意：每个指示灯下都有标识牌，标示该灯代表什么设备。

表3-4-4　正泰NP2指示灯技术参数

项目	技术参数							
额定工作电压 Ue（V）	AC/DC	AC/DC	AC/DC	AC/DC	AC/DC	AC/DC	AC/DC	AC/DC
	6	12	24	36	48	110	220	380
额定工作电流 Ie（mA） 基色 工作寿命（h） 光亮度（cd/m²） 蜂鸣器技术参数	≤20 绿色、黄色、红色、蓝色、白色、橙色 ≥30000 ≥40							
额定工作电压 Ue（V）	AC/DC	AC/DC	AC/DC	AC/DC	AC	AC		
	24	36	48	110	220	380		
额定工作电流 Ie（mA） 响度（dB/10 cm） 光亮度（cd/m²）	≤20 70 ～ 105 ≥20							

3）焊接主令电器选型

（1）限位开关选型。

限位开关用于汽车车架到位检测，限位开关量信号接入 PLC 系统；表 3-4-5 所示为欧姆龙 HL 限位开关种类，考虑汽车车架走位方向，滚珠摇摆的限位开关比较适用，焊接机器人工作站汽车车架检测可以选择 HL-5030 滚珠摆杆型限位开关。

表 3-4-5　欧姆龙 HL 限位开关

驱动杆		型号
滚珠摆杆型		HL-5000*
可调式滚珠摆杆型		HL-5030*
可调式棒式摆杆型		HL-5050*
密封柱塞型		HL-5100*
密封滚珠柱塞型		HL-5200
盘簧型		HL-5300

（2）电感接近开关选型。

电感接近开关用于检测汽车焊接金属板是否到达预设的位置，检测焊接车门到达预设位置后输出开关信号接入 PLC 系统。

接近开关位置检测如图 3-4-16 所示。

图 3-4-16　接近开关位置检测

如表 3-4-6 所示为欧姆龙 E2E NEXT 电感接近开关技术参数表，考虑经济性和适用性，焊接机器人工作站焊接金属板检测可以选择 E2E NEXT-M12 电感接近开关。

表 3-4-6 欧姆龙 E2E NEXT 电感接近开关参数表

项目	尺寸	M8		M12		M18		M30	
	屏蔽	屏蔽	非屏蔽	屏蔽	非屏蔽	屏蔽	非屏蔽	屏蔽	非屏蔽
	型号	E2E-X3D□	E2E-X6MD□	E2E-X7D□	E2E-X10MD□	E2E-X11D□	E2E-X20MD□	E2E-X20D□	E2E-X40MD□
检测距离		3 mm±10%	6 mm±10%	7 mm±10%	10 mm±10%	11 mm±10%	20 mm±10%	20 mm±10%	40 mm±10%
设定距离		0～2.4 mm	0～4.8 mm	0～5.6 mm	0～8 mm	0～8.8 mm	0～16 mm	0～16 mm	0～32 mm
应差		检测距离的15%以下							
可检测物体		磁性金属(非磁性金属的检测距离较短。参考"特性数据"→23页。)							
标准检测物体		铁9×9×1 mm³	铁18×18×1 mm³	铁21×21×1 mm³	铁30×30×1 mm³	铁33×33×1 mm³	铁60×60×1 mm³	铁60×60×1 mm³	铁120×120×1 mm³
响应频率		350 Hz	250 Hz	350 Hz	200 Hz	250 Hz	200 Hz	200 Hz	50 Hz
电源电压		DC 10~30 V(含波纹(p-p)10%)							
漏电流		0.8 mA 以下							
控制输出	开关容量	3~100 mA							
	残留电压	有极性型:3 V 以下（负载电流100 mA、导号线长2 m时） 无极性型:5 V 以下（负载电流100 mA、导号线长2 m时）							
指示灯		D1 型:动作指示(橙色LED)、设定指示(绿色LED) D2 型:动作指示(橙色LED)							
动作模式		D1 型：NO D2 型：NC							

（3）磁感应开关选型。

焊接夹具是否已经加紧,磁感应开关安装在气缸上,图 3-4-17 所示为焊接夹具气缸上的磁感应开关。

焊接夹具气缸磁感应开关及其固定架如图 3-4-17 所示。

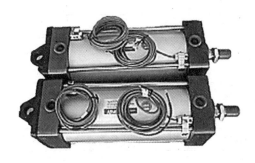

（a）拉杆式磁感应开关　　　　　　　　（b）磁感应开关固定架

图 3-4-17 焊接夹具气缸磁感应开关及其固定架

表 3-4-7 所示为 ALIF 磁感应开关选型表,由于夹具使用的是圆形气缸,一般工业现场使用 NPN 的传感器较多,所以焊接机器人工作站焊接金属板检测可以选择 AL-03N。当然

也可以选择 PNP,这个可以根据 PLC 的输入类型确定的。

表 3-4-7　ALIF 磁感应开关选型表

型号	图片	开关型式	使用电压	输出电压	适用气缸
AL-01R		弹簧管/常开型	5～240 V DC/AC	10 W/ 100 mA 最大值	
AL-01DF		两线无触点/常开型	10～28 V DC	1.4 W/ 50 mA 最大值	
AL-01N		无触点 NPN/常开型	5～30 V DC	6 W 最大值 200 mA 最大值	
AL-01P		无触点 PNP/常开型			
AL-03R		弹簧管/常开型	5～240 V DC/AC	10 W/ 100 mA 最大值	
AL-03DF		两线无触点/常开型	10～20 V DC	1.4 W/ 50 mA 最大值	圆形气缸
AL-03N（P）		无触点 NPN/常开型	5～30 V DC	6 W 最大值 200 mA 最大值	
AL-03S		无触点 PNP/常开型			

(4)压力传感器选型。

焊接夹具在加紧过程必须维持气压的稳定,因而增加压力传感器实时检测气体压力的大小,当压力低于设定压力时停止焊接工作,一般工厂压力在 1 MPa 以内,如表 3-4-8 所示为欧姆龙 E8F2 数字压力传感器参数表,焊接机器人机工作站焊接夹具压力传感器可以选择 E8F2-B01C。

表 3-4-8　E8F2 数字压力传感器参数表

项目　型号		NPN 输出	E8F2-A01C	E8F2-B10C	E8F2-AN0C
		PNP 输出	E8F2-A01B	E8F2-B10B	E8F2-AN0B
电源电压		DC12~24 V±10%波动（p-p）10%以下			
消耗电流		70 mA 以下			
压力种类		计示压力			
压力范围		0~100 kPa	0~1 MPa	0~-101 kPa	
压力设定范围		0~100 kPa	0~1 MPa	0~-101 kPa	
耐压力		400 kPa	1.5 MPa	400 kPa	
适用流体		非腐蚀性气体、不可燃性气体			
动作模式		磁滞状态、窗口状态、自动示教状态			
重复精度（ON/OFF 输出）		±1%F.S. 以下			
真线性（线性输出）		±1%F.S. 以下			
响应时间（ON/OFF 输出）		5 ms 以下			
线性输出		1~5 V±5%F.S.（输出阻抗：1 kΩ,允许负载电阻：500 kΩ 以上）			
输出形式（ON/OFF）		集电极开路输出（NO/NC）（NPN/PNP 输出因形式而异）			

(5)光电开关选型。

光电开关在工作站中用于焊接台水平移动位置检测,机械安装位置有限,需要选择微型凹槽型光电开关。如表 3-4-9 所示为欧姆龙 EE-SX95 系列光电开关性能表,为了方便统一接入 PLC 系统,采用 NPN 型光电开关,故焊接机器人机工作站光电传感器可以选择 EE-SX954。

表3-4-9　EE-SX95光电开关性能表(额定规格/性能)

种类			标准型	L型	F型	R型	U型
项目	NPN	导线引出型	EE-SX950-□	EE-SX951-□	EE-SX952-□	EE-SX953-□	EE-SX954-□
	PNP	导线引出型	EE-SX950P-□	EE-SX951P-□	EE-SX952P-□	EE-SX953P-□	EE-SX954P-□
检测距离			5 mm(精宽)				
标准检测物体			1.8×0.8 mm 以上的不透明物体				
应差			0.025 mm 以下×1				
光源(峰值发光波长)			红外发光二极管(940 mm)				
指示灯			入光时点亮(红色发光二极管)				
电源电压			DC5~24 V±10%纹波(p~p)10%以下				
消耗电流			15 mA 以下				
控制输出			负载电源电压：　　DC5~24 V 负载电流：　　　　50 mA以下 OFF电源：　　　　0.5 mA以下 残留电压：　　　　0.7 V以下(负载电流50 mA时) 　　　　　　　　　0.4 V以下(负载电流5 mA时)				
保护回路			负载短路保护				
响应频率			1 kHz以上(平均值3 kHz)×2				

4)安全门装置主令电器选型

(1)安全门开关选型。

如图3-4-18所示为焊接机器人工作站安全门工作示意图,当安全门关闭后焊接机器人开始工作,如果在焊接过程中安全门被突然打开,焊接机器人进入紧急停机状态。

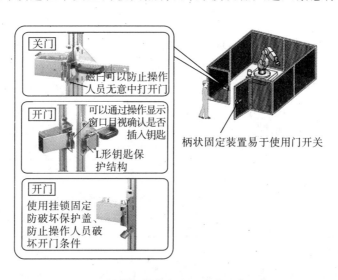

图3-4-18 焊接机器人安全门开关工作示意图

焊接机器人安全门由滑动钥匙和安全门开关组成,如图3-4-19所示。

D4NS-SK30   D4NS1 导管类型

图 3-4-19 焊接机器人安全门组成

表 3-4-10 为欧姆龙安全门开关选型表,由于控制系统需要知道安全门的开关状态,以便控制其他设备停止工作,所以需要 1 组常开触点和 1 组常闭触点的安全门开关;焊接机器人工作站安全门开关可以选用 D4NS-1AF 配 D4NS-SK30 滑动钥匙。

表 3-4-10 欧姆龙 D4NS 安全门开关选型表

类型	接点结构	导管口/连接器尺寸	型号
1 导管	慢动型		
	1NC/1NO	Pg13.5	D4NS-1AF
		G1/2	D4NS-2AF
		M20	D4NS-4AF
	2NC	Pg13.5	D4NS-1BF
		G1/2	D4NS-2BF
		M20	D4NS-4BF
	2NC/1NO	Pg13.5	D4NS-1CF
		G1/2	D4NS-2CF
		M20	D4NS-4CF
	3NC	Pg13.5	D4NS-1DF
		G1/2	D4NS-2DF
		M20	D4NS-4DF
	慢动型 MBB 接点		
	1NC/1NO	Pg13.5	D4NS-1EF
		G1/2	D4NS-2EF
		M20	D4NS-4EF
	2NC/1NO	Pg13.5	D4NS-1FF
		G1/2	D4NS-2FF
		M20	D4NS-4FF

(2)安全光栅选型。

图 3-4-20 所示为焊接机器人工作站安全光栅工作示意图,在机器人焊接过程中如果有人或其他物体侵入,机器人会马上进入紧急停机状态。

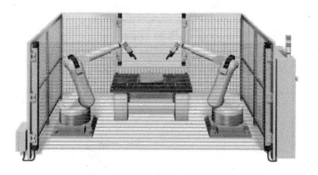

图 3-4-20 焊接机器人工作站安全光栅工作示意图

焊接机器人工作站安全光栅主要用于检测人体入侵保护,根据表 3-4-11 焊接机器人工作站安全光栅可以选择 F3SG-SR-人体检测型。

表 3-4-11 欧姆龙安全光栅选型表

系列		"设备开口部"的入侵检测:安全光幕 F3SG-SR			
		高级型/标准型			
用途	手指检测型	✋			
	手掌检测型		✋		
	手臂/脚检测型			🦵	
	人体检测型				🚶
基本规格	最小检测物体	Φ14 mm	Φ25 mm	Φ45 mm	Φ85 mm
	光轴间距	10 mm	20 mm	40 mm	80 mm
	最长检测距离	10 m	20 m	20 m	20 m
	检测高度	160~2000 mm	160~2480 mm	240~1520 mm	280~920 mm
	光轴数	15~199	8~124	6~38	4~12
	保护结构	IP65及IP67、IP67G			

三、任务实施

1. 任务说明

本任务要求根据焊接机器人工作站系统状态显示电气原理图,首先明确系统控制原理和控制方式,完成主令电气设备的选型并填入表 3-4-12 中,将图 3-4-21 电气原理图转换为实物接线,动手制作双手操作盒,并在元件配盘上安装其他的电气元件,安装线槽,选择电缆接线、走线;最后经测试后送电验证人机交互控制功能。

控制系统显示控制要求如下:①系统启动前,黄绿以 2 Hz 频率闪烁,即亮 1 s 灭 1 s,交替进行;②使用双手按钮启动系统后,黄灯停止闪烁,绿灯常亮;③系统启动后,光电开关如果感应到有人或外物进入,系统停止且绿灯熄灭,同时黄灯以 2 Hz 频率闪烁、蜂鸣器发出报警声音;报警一直持续到按下停止按钮才能消除(相当于意外确认按钮),在确认安全后可重新启动控制系统;④当急停按钮因为意外事故被按下时,系统显示红灯长亮且蜂鸣器发出报警声音,急停报警显示直至松开恢复急停为止。

1)焊接机器人工作站人机交互控制电器原理图

焊接机器人工作站人机交互控制电气原理图如图3-4-21所示。

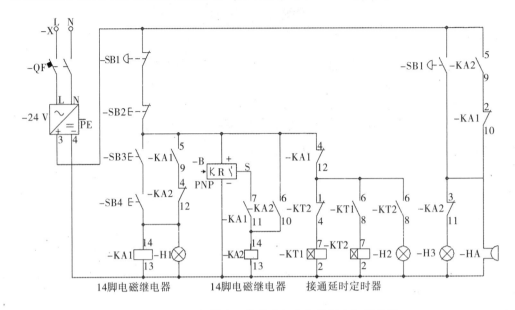

图3-4-21 工业机器人工作站人机交互控制电气原理图

2)焊接机器人工作站系统状态显示控制主令电器的选型

根据相关知识的介绍,完成表3-4-12主令电气设备的选型。

表3-4-12 主令电气设备的选型

元件名称	数量	元件名称规格型号	备注
启动按钮	2个		双手操作盒
停止按钮	1个		
光电开关	1个		
蜂鸣器	1个		
急停按钮	1个		
指示灯	3个		

2. 任务实施步骤

(1)根据图3-4-21,读懂电气原理图,条理清晰地描述系统控制的控制过程,注意描述启动前显示控制、启动后显示控制、急停报警控制、安全报警控制及安全报警显示控制。

(2)搭建电气实物。

搭建流程:①选择合适的电气安装工具,在按钮盒上安装双手操作按钮,制成可靠的双手操作盒,在配盘上安装固定好其他的电气元件、线槽和DIN导轨;②根据电气原理图选择合适的电气接线工具,搭建控制回路。

(3)系统顺序控制功能验证。

验证流程:①低压断路器QF合闸前设备状态测试,使用万用表交流750 V挡测量三相电源的电压是否为220~240 V之间,使用万用表的通断挡测试开关电源的正负极有没有短路的故障;②调整好2个时间继电器的设定时间,给低压断路器合闸,使用万用表直流200 V挡测量开关电源输出电压是否为 24 V,此时系统处于等待启动状态,并观察黄灯是否在闪烁;③按下双手操作盒的 SB3 按钮和 SB4 按钮,松开双手,此时系统处于正在运行的状态,观察绿灯是否可以常亮且黄灯熄灭;④用手感应光电开关,此时系统处于故障状态,注意观察绿灯熄灭、黄灯闪烁、蜂鸣器响;如果按下停止按钮,此时系统处于急停状态,观察蜂鸣器停止,黄灯又开始闪烁;⑤按下急停按钮,观察系统是否红灯长亮且蜂鸣器响,松开急停按钮后,只有黄灯闪烁。

3. 任务目标

本任务的目标有:①启动前显示控制、启动后显示控制、急停报警控制、安全报警控制及安全报警显示控制描述正确;②实物接线正确,系统所有功能验证正确。

四、任务拓展

1. 按钮常见故障说明

按钮常见故障说明如表 3-4-13 所示。

表 3-4-13 按钮常见故障说明

故障设备	故障现象	故障的可能原因及其解决方法
指示灯	指示灯不亮	原因:电压故障。 解决方法:用万用表检查指示灯是否有 24 V 电源(焊接工作站采用的均是 24 V 的指示灯),如没有可以根据线路图查找相应的控制端是否有输出,如有电压则指示灯已经损坏,需要更换
压力传感器	低于/高于预设压力触点没动作	原因:压力传感器损坏。 解决方法:①检查压力传感器的供电电压,焊接工作站压力传感器的供电电压在 12～24 V 均可,如果供电电压之间的端子没有电压,可以往电源线路方向检查;②压力传感器的电压正常,则更换一个新的压力传感器作对比,确定当前压力传感器的好坏

2. 思考与练习

根据附件 6,完成感应门铃控制。

项目四
机电应用系统驱动及其控制

【学习目标】

知识目标:掌握执行电气设备的基本工作原理、执行电气设备的电气符号、安装使用方法,包括气缸、异步电动机、直流电动机、步进电动机、伺服电动机、真空发生器、真空吸盘等;掌握执行电气设备典型的控制原理应用及相关的控制电路。

能力目标:能够根据控制要求选择合适型号的执行电气设备;能够动手搭建调试工业机器人应用控制系统中几种典型的控制电路。

【项目任务】

任务1 工业机器人末端气动执行器
任务2 工业机器人工作站升降机控制
任务3 工业机器人工作站行走小车控制
任务4 工业机器人工作站模拟变位机控制

执行电气设备是接受控制信息,用于完成某种动作或传动功能的设备,一般由电磁阀、气缸、步进电机、伺服电机、异步电动机等组成。本项目主要介绍执行电气设备的使用以及典型的控制回路。首先介绍的是气缸、电磁阀的应用控制、设备选择及其注意事项和典型的控制电路,如电磁阀自锁控制;其次介绍的是异步电动机的应用控和典型的电机控制;再次介绍的是直流电机及其控制,如直流电机的正反转控制等;最后介绍的是步进电机和伺服电机。工业控制的需要各种各样的执行电气设备来执行控制任务,工业自动化控制的目的就是控制执行电气设备。通过本项目的学习要达到掌握常见的执行电气设备的使用及其调试技能的目的。

◀ 任务1　工业机器人末端气动执行器 ▶

一、任务描述

工业机器人末端气动执行器在工业机器人设备中非常常见,使用较多的是气抓。其核心是控制气缸的动作或其他气动执行器动作,如图4-1-1所示为多功能末端执行器。

本任务的要求有:①根据工业机器人末端气动执行器控制的电气原理图,掌握电磁阀、气缸、真空发生器、真空吸盘的使用、安装等内容;②以电气原理图为基础,完成工业机器人末端气动执行器控制所需的元器件安装、系统通电调试。

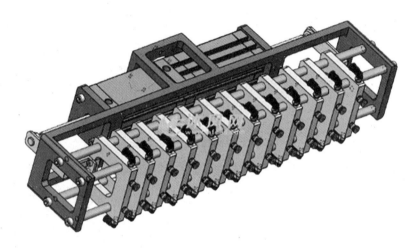

图4-1-1　多功能末端执行器

二、相关知识

1. 电磁阀

电磁阀(见图4-1-2)是用来控制流体的自动化基础元件,不限于液压、气动。电磁阀用于控制气压流动方向,用在工业控制系统中调整介质的方向。

（a）单相电磁阀　　（b）单线圈二位三通电磁阀　　（c）双线圈二位三通阀

图4-1-2　电磁阀

1)电磁阀的结构原理和电气符号

电磁阀主要结构由电磁线圈和阀体构成,其中阀体由螺塞、弹簧、壳体、衬套、左右阀座、阀杆组合、顶杆等组成;电磁线圈由线圈、电磁铁、衔铁、接线盒(快速接头)等组成。图4-1-3所示为电磁阀结构原理图。

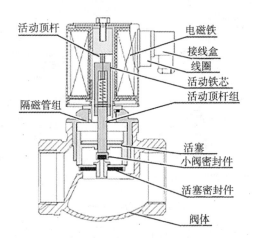

图 4-1-3 电磁阀结构原理图

电磁阀的工作原理类似,不能的电磁阀内部结构不一样,以两位三通电磁阀工作原理为例:图4-1-4所示为两位三通电磁阀的工作原理,电磁阀线圈未得电时压缩空气从 A 进 P 出,电磁阀线圈得电后压缩空气从 A 进 T 出。

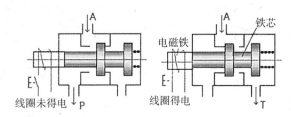

图 4-1-4 两位三通电磁阀工作原理

电磁阀的通断分为常开型和常闭型,以二位三通电磁阀为例说明,常开型两位三通电磁阀动作原理是给线圈通电,气路接通,线圈一旦断电,气路就会断开,这相当于"点动"。常闭型两位三通单电控电磁阀动作原理:给线圈通电,气路断开,线圈一旦断电,气路就会接通,这也是"点动"。图4-1-5为电磁阀电器符号图,文字符号使用 EV 表示,只需控制电磁阀线圈使其得电或者失电。电磁阀电气符号图如图4-1-5所示。

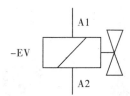

图 4-1-5 电磁阀电气符号图

2)电磁阀的分类

电磁阀可分为二位二通电磁阀、二位三通电磁阀、二位五通电磁阀、三位五通电磁阀,每种电磁阀按导通方式有直动式和先导式;下面先介绍直动式和先导式的区别,然后在分别介绍二位二通电磁阀、二位三通电磁阀、二位五通电磁阀、三位五通电磁阀。

(1)直动式:通电时,电磁线圈产生电磁力把关闭件从阀座上提起,阀门打开;断电时,电磁力消失,弹簧把关闭件压在阀座上,阀门关闭。特点:在真空、负压、零压时能正常工作,但通径一般不超过25 mm,相同通经电磁阀直动式较先导式工作功率大。

直动式电磁阀如图4-1-6所示。

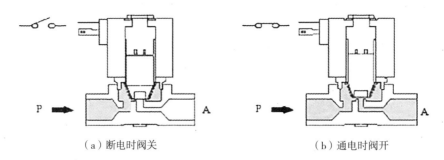

（a）断电时阀关　　　　　　　　　　　（b）通电时阀开

图4-1-6　直动式电磁阀

（2）先导式：通电时，电磁力把先导孔打开，上腔室压力迅速下降，在关闭件周围形成上低下高的压差，流体压力推动关闭件向上移动，阀门打开；断电时，弹簧力把先导孔关闭，入口压力通过旁通孔迅速腔室在关阀件周围形成下低上高的压差，流体压力推动关闭件向下移动，关闭阀门。先导式电磁阀如图4-1-7所示。

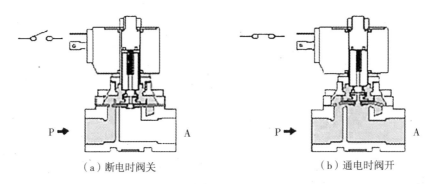

（a）断电时阀关　　　　　　　　　　　（b）通电时阀开

图4-1-7　先导式电磁阀

直动式和先导式的区别：①直动式电磁阀相应速度快，动作时间很短频率较高时一般选用直动式；②先导式电磁阀采用的是小阀打开大阀的方式，流量大，大口径选用先导式。机器人工作站使用较多的是先导式。

（3）二位二通电磁阀：二位二通电磁阀也称为截止阀或开关阀，其作用是控制单个气路的通断，如图4-1-8所示为二位二通电磁阀。

（a）直通式二位二通电磁阀　　　　（b）先导式二位二通电磁阀

图4-1-8　二位二通电磁阀

（4）二位三通电磁阀：二位三通电磁阀控制气路一进二出（二出是指一个常开一个常闭），两位三通电磁阀一般采用单线圈控制，即一个线圈控制电磁阀的接通（常闭出气气路接通、常开气路断开）和断开（常开出气气路接通、常闭气路断开），其作用是控制两个气路的通断,如图4-1-9所示为二位三通电磁。

（a）直通式二位三通电磁阀　　　　（b）先导式二位三通电磁阀

图4-1-9 二位三通电磁阀

（5）二位五通电磁阀:二位五通电磁阀控制方式如图4-1-10所示,线圈通电时,静铁芯产生电磁力,使先导阀动作,压缩空气通过气路进入阀先导活塞使活塞启动,在活塞中间,密封圆面打开通道,1,4进气,2,3排气;当断电时,先导阀在弹簧作用下复位,恢复到原来的状态,1,2进气,4,5排气;其作用是控制双作用气缸的动作,在工业中使用较多。

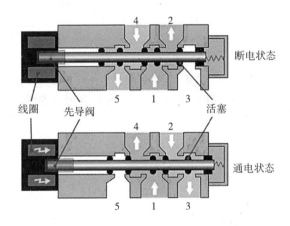

图4-1-10 二位五通电磁阀工作原理图

二位五通电磁阀有单线圈和双线圈之分,如图4-1-11所示为二位五通电磁阀单线圈接线图,其进出气孔使用2分大小的快速接头,3,5排气孔使用1分大小的消音器。

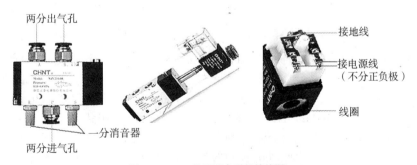

图4-1-11 二位五通电磁阀接线图

（6）三位五通电磁阀:三位五通电磁阀有三种型式,分别是中封型用于保压回路,中压型用于调压回路,中泄型用于泄荷回路;其作用是控制气缸的动作,其中中封型使用较多,当气路系统断电断气时,两端弹簧将中封型三位五通电磁阀压到中间位置,由于无法通气,所以能够使工件保持到原位不动,提高了生产的安全性,如图4-1-12所示为三位五通电磁阀,其有单线圈和双线圈两种控制方式,双线圈的具有断电自锁功能。

（a）单线圈三位五通电磁阀　　　　　　　　（b）双线圈三位五通电磁阀

图4-1-12 三位五通电磁阀

3）电磁阀的典型应用

电磁阀的线圈较常用的电压类型有直流24 V DC,交流220 V AC、380 V AC,对交流380 V AC的电磁阀一般使用于较大口径的电磁阀,下面对较常用的直流24 V DV电磁阀线圈为例进行说明。

（1）单线圈电磁阀。单线圈电磁阀的典型应用如图4-1-13所示。

单线圈电磁阀控制原理:①按下按钮SB2,电磁继电器线圈得电并自锁;②电磁阀另外一组常开触点8-12闭合,电磁阀线圈持续得电;③按下停止按钮SB1,电磁继电器线圈失电复位,同时电磁阀线圈失电。

（2）双线圈电磁阀。

双线圈电磁阀双线圈是在线圈1得电后机械部位动作,失电后位置不变。线圈2得电,机械部位从1的位置变为2的位置,失电后保持。双线圈电磁阀的典型应用如图4-1-14所示。

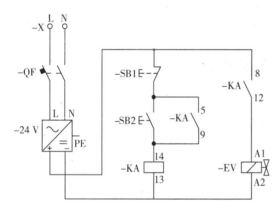

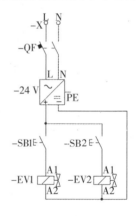

图4-1-13 单线圈电磁阀的典型应用　　　　图4-1-14 双线圈电磁阀的典型应用

双线圈电磁阀控制原理:①按下按钮SB1,双线圈电磁阀EV1得电,电磁阀向左运动通气,松开按钮SB1,线圈EV1失电,电磁阀保持左边不动;②按下按钮SB2,双线圈电磁阀EV2得电,电磁阀向右运动通气,松开按钮SB2,线圈EV2失电,电磁阀保持右边不动;③使用注意,应预先通入电控信号给上线圈或下线圈,才能达到所需工作状态位置;另外双线圈不可同时通电,因为从理论角度来说,两侧同时通电时,由于两侧电磁头出力不可能完全相同,启动时间也不可能完全相同,因此此时电磁阀阀芯状态是处于不可控未知状态。

（3）单双线圈电磁阀的选择。

如果阀换向的时间不长就可以选择单控的,如果换向时间较长,那么线圈需要通电的时间也会很长,线圈通电时间过长继而会发热从而烧坏线圈。这种情况下就可选用双控阀;如果需要断电后复位,使用单电控,如果需要断电后保持,那就使用双控电磁阀。

2. 气缸

气缸将压缩空气的压力能转换为机械能,驱动机构作直线往复运动、摆动和旋转运动。

气缸实物图如图4-1-15所示。

（a）拉杆式气缸　　　　　　　　　（b）自由安装气缸

图4-1-15 气缸实物图

1）气缸的结构和电气符号

如图4-1-16所示，当从无杆腔输入压缩空气时，有杆腔排气，气缸的两腔的压力差作用在活塞上所形成的力推动活塞运动，使活塞杆伸出；当有杆腔进气，无杆腔排气时，使活塞杆缩回，若有杆腔和无杆腔交替进气和排气，活塞实现往复直线运动。

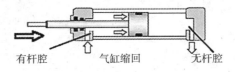

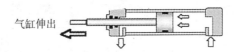

图4-1-16 气缸工作原理图

如图4-1-17所示为直行程气缸的结构图，其传感器为磁感应开关。

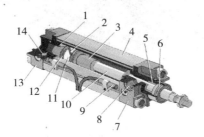

图4-1-17 伸缩气缸结构图

1、3—缓冲柱塞；2—活塞；4—缸筒；5—导向套；6—防尘圈；7—前端盖；8—气口；9—传感器；10—活塞杆；11—耐磨环；12—密封圈；13—后端盖；14—缓冲节流阀

其他类型的气缸如旋转、摆动、收缩等气缸工作原理都是一样，仅气缸内部结构不一样，如图4-1-18所示为气缸电气符号。

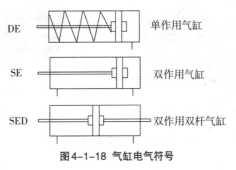

图4-1-18 气缸电气符号

2）常用气缸的分类与选择

基于对气缸在动力特性或空间布局方面的应用优势,在实际选用气缸时,先确定一个合适的类别。

（1）从动作上分为单作用和双作用,前者又分弹簧压回和压出两种,一般用于行程短、对输出力和运动速度要求不高的场合(价格低、耗能少),双作用气缸则更广泛应用。(注:不要把单双作用气缸跟带还是不带磁环气缸等同了)。

（2）从功能上来分(比较贴合设计情况),类型较多,如标准气缸、复合型气缸、特殊气缸、摆动气缸、气爪等,其中比较常用的为自由安装型气缸、薄型气缸、笔形气缸、双杆气缸、滑台气缸、无杆气缸、旋转气缸、夹爪气缸等,如图4-1-19所示,了解各种气缸大致特性和对应型号,要用时调(标准件图纸)出来即可。

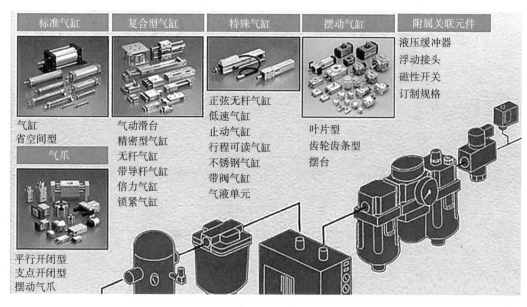

图4-1-19 气缸按功能分类

（3）气缸的选择。

①节省空间。

节省空间类气缸是指气缸的轴向或径向尺寸比标准气缸的较大或较小的气缸,具有结构紧凑、重量轻、占用空间小等优点,比如薄型气缸(如CQ系列,缸径=$\Phi12$ mm～$\Phi100$ mm,行程≤100 mm)和自由安装型气缸(如CU系列,缸径=$\Phi6$ mm～$\Phi32$ mm,行程≤100 mm),如图4-1-20所示。

（a）自由安装型气缸　　　　　　（b）薄型气缸

图4-1-20 节省空间类气缸

具有节省空间特长的还有无杆气缸,形象地说,有杆气缸的安装空间约2.2倍行程的话,无杆气缸可以缩减到约1.2倍行程,一般需要和导引机构配套,定位精度也比较高。无杆气缸有磁性偶合式(CYI)和机械式接触式(MY1)两种。

磁偶式无杆气缸:活塞两侧受压面积相等,具有同样的推力,有利于提高定位精度,适合长行程,重量轻、结构简单、占用空间小,如图4-1-21所示。

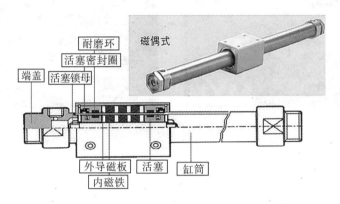

图4-1-21 磁偶式无杆气缸

机械式无杆气缸:"有较大的承载能力和抗力矩能力,适用缸径 $\Phi 10$ mm～$\Phi 80$ mm,如图4-1-22所示,有 MY1B(基本型),MY1M(滑动导轨型),MY1C(凸轮随动导轨型),MY1HT(高刚度、高精度导轨双轴),MY1H(高精度导轨型单轴)系列产品。

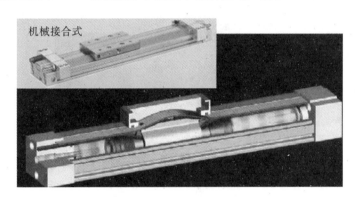

图4-1-22 机械式无杆气缸

双杆气缸:对同样希望节省空间兼顾导向精度要求时,往往会用到双杆气缸(相当于两个单杆气缸并联成一体),如图4-1-23所示。

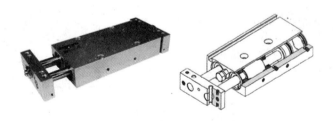

图4-1-23 双杆气缸

②高精度要求。

对精度要求高的地方一般采用滑台气缸(将滑台与气缸紧凑组合的一体化的气动组

件），也有各种细分的类型，如图4-1-24所示。工件可安装在滑台上，通过气缸推动滑台运动，适用于精密组装、定位、传送工件等。

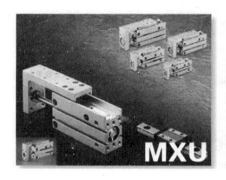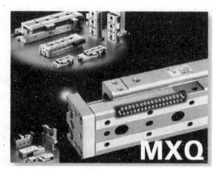

图4-1-24 各类滑台气缸

③摆动/旋转运动。

遇到需要摆动或转动的场合，一般采用旋转气缸，主要有两类。

叶片式旋转气缸（见图4-1-25）：用内部止动块或外部挡块来改变其摆动角度。止动块于缸体固定在一起，叶片于转轴连在一起。气压作用在叶片上，带动转轴回转，并输出力矩。叶片式摆缸由单片式和双片式。双片式的输出力矩比单片式大一倍，但转角小于180°。摆缸有CRB2、CRBU2（缸径10～40 mm），CRB1（缸径50～100 mm）、MSUB（缸大小代号1、3、7、20摆动平台型）系列可供选择。

图4-1-25 叶片式旋转气缸

齿轮式旋转缸（见图4-1-26）：气压力推动活塞带动齿条做直线运动，齿条推动齿轮作回转运动，由齿轮轴输出力矩并带动外负载摆动。齿轮齿条式摆缸有CRJ、CRJU（缸大小代号0.5、1），CRA1（缸径30～100 mm 标准型）、CRQ2（缸径10～40 mm 薄型）、MSQ（缸径10～200 mm 摆动平台）系列可供选择。

图4-1-26 齿轮室旋转气缸

④夹持/固定产品。

一般用气动夹爪气缸（原理：开闭一般是通过由气缸活塞产生的往复直线运动带动与手爪相连的曲柄连杆、滚轮或齿轮等机构，驱动各个手爪同步做开、闭运动）。它可以用来抓取物体,实现机械手的各种动作,常应用在搬运、传送工件机构中抓取、拾放物体,内部结构示意图如图4-1-27所示。

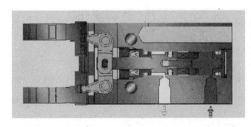

活塞带动夹爪实现开、合动作,完成类似人手夹取动作

图4-1-27 典型气动夹爪气缸的内部结构

a.根据不同的夹持/固定场合,夹爪气缸可以进一步细分为平行开闭型气爪、支点开闭型气爪。

平行开闭型气爪(见图4-1-28)是单活塞驱动,通过电磁阀控制进气,两个气动手指向轴心移动,每个手指是不能单独移动的,电磁阀断电后,两个气动手指向两侧平行移动。

支点开闭型气爪(见图4-1-29)是双活塞驱动,力矩较大,两个气动手指可以180°展开,常用于较大物体的夹取。

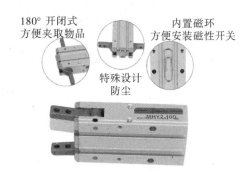

180°开闭式方便夹取物品

内置磁环方便安装磁性开关

特殊设计防尘

图4-1-28 平行开闭型气爪   图4-1-29 支点开闭型气爪

b.在机构要用到夹爪气缸的时候,需要留意以下几个问题:气爪是不能直接用的,需要根据产品和工艺,设计"夹爪"安装在上面,注意互换性和可靠性以及灵活性;要确保气动夹爪有足够的加持力(可查厂商型录),以免影响夹持效果,但是反过来说,也容易夹伤产品,所以一般来说适合外观不重要、有一定强度结构的产品,否则建议换用电动夹爪(虽然价格高昂,但夹持力可控),或者采用柔性更强的真空吸取的方式。

3. 吸盘和真空发生器

1)吸盘

吸盘(见图4-1-30)是在与被吸物体接触后形成一个临时性的密封空间,通过抽走或者稀薄密封空间里面的空气,产生内外压力差而进行工作的一种气动元件。

(a)波纹吸盘   (b)真空吸盘   (c)大负载吸盘

图4-1-30 吸盘

吸盘的分类如下。①扁平吸盘：薄片、塑料或薄膜。②椭圆吸盘：长方形工件。③波纹吸盘：风琴型吸盘，用于球型或有倾斜的工件。④海绵吸盘：有凸凹的工件。⑤大负载吸盘：用于重型工件或大型工件。⑥真空吸盘：大工件、形状变化大工件、有凸凹工件、薄膜、塑料等。

2）真空发生器

空发生装置有真空泵和真空发生器两种。真空泵是吸入口形成负压，排气口直接通大气，两端压力比很大的抽除气体的机械。真空发生器是利用压缩空气的流动而形成一定真空度的气动元件，与真空泵相比，它的结构简单、体积小、质量轻、价格低、安装方便，与配套件复合化容易，真空的产生和解除快，宜从事流量不大的间歇工作，适合分散使用，图4-1-31所示为真空发生器工作原理图。

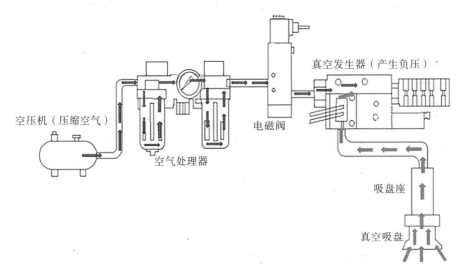

图4-1-31 真空发生器工作原理

真空发生器可以采用直接安装、支架安装和导轨安装，如图4-1-32所示。

图4-1-32 真空发生器

3）常见真空回路

图4-1-33所示为二位二通电磁阀控制真空的产生和停止,利用接通大气破坏真空,为了保护真空发生器二配备真空过滤器。

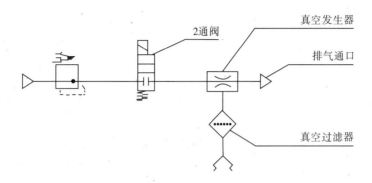

图4-1-33 二位二通电磁阀+真空发生器

图4-1-34所示为二位三通电磁阀控制真空的产生和停止,停止的同时也破坏真空,为了调节破坏流量而配备可调节节流阀,配备真空过滤器以保证真空发生器的使用寿命。

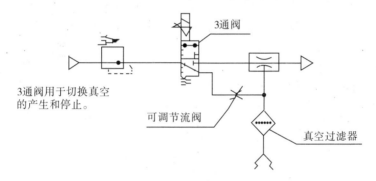

图4-1-34 二位三通电磁阀+真空发生器

三、任务实施

1. 任务说明

工业机器人末端执行器接受工业机器人的指令完成夹取或吸附的任务。本任务通过模拟的方式实现工业机器人末端执行器操作过程。任务具体流程如下:①按下启动按钮后,控制器夹爪的电磁阀动作并保持,可以实现物体的夹取功能;②经过5s的时间,自动启动控制真空发生器的电磁阀,完成另外一个物体的吸附功能;③物体吸附完成后,经过10s的时间,系统关闭夹爪功能和吸附功能,用以模拟物块夹取吸附完毕功能。

本任务要求根据工业机器人末端气动执行器控制电气原理图。首先明确系统控制原理和控制方式,根据控制系统中的控制元件组成表,将图4-1-35电气原理图转换为实物接线,并在元件配盘上安装其他的电器元件,安装线槽,选择电缆接线、走线;最后经测试后送电验证工业机器人末端执行器控制功能。控制系统使用电磁继电器实现起保停控制,使用1个二位五通电磁阀控制1台双作用气缸模拟夹爪功能,使用1个二位三通电磁阀控制1台单作用气缸模拟真空吸附功能,使用2个时间继电器控制自动吸附和自动停止功能。

1）工业机器人末端气动执行器控制电气原理图

工业机器人末端气动执行器控制电气原理图如图4-1-35所示。

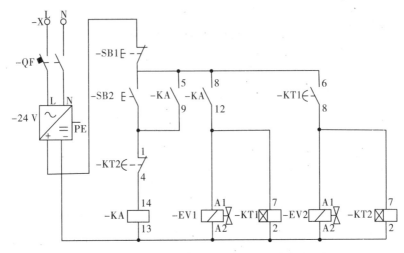

图4-1-35 工业机器人末端气动执行器控制电气原理图

说明：如果没有电磁阀可以使用指示灯代替。

2）工业机器人末端执行器控制元件组成表

工业机器人末端执行器控制元件组成表如表4-1-1所示。

表4-1-1 工业机器人末端执行器控制元件组成表

元件名称	数量	规格型号	备注
低压断路器	1个	1 A，2 极	或采用漏电保护断路器
开关电源	1个	100 W	
电磁继电器	1个	直流线圈24 V DC、8脚	带底座
时间继电器	2个	直流24 V、通电延时、8脚	带底座
启动按钮	1个	绿色按钮，自复位一常开型、Φ22	使用按钮盒安装
停止按钮	1个	红色自复位一常闭型平头按钮、Φ22	使用按钮盒安装
二位五通电磁阀	1个	单头24 V直流线圈，常开型	
二位三通电磁阀	1个	单头24 V直流线圈，常开型	
双作用气缸	1台	DN10	
单作用气缸	1台	DN5	
气管	若干	Φ8	

2. 任务实施步骤

（1）根据图4-1-35，读懂电气原理图，条理清晰地描述并列出系统控制的控制过程，注意描述系统控制顺序。

（2）搭建电气实物。

搭建流程：①选择合适的电器安装工具，在按钮盒上安装双手操作按钮，制成可靠的双手操作盒，在配盘上安装固定好其他的电器元件、线槽和DIN导轨；②根据电气原理图选择合适的电器接线工具，连接好气路，搭建控制回路。

（3）系统顺序控制功能验证。

验证流程：①低压断路器QF合闸前，使用万用表测试开关电源的正负极有没有短路的故障；②调整好2个时间继电器的设定时间，给低压断路器合闸，使用万用表直流200 V测量开关电源输出电压是否为24 V；③按下启动按钮SB2，电磁阀EV1得电，观察双作用气缸是否立马动作，松开按钮SB2，气缸仍然保持动作状态；④等待5 s的时间，电磁阀EV2得电，观察单作用气缸是否立马动作；⑤单作用气缸动作后，等待10 s，电磁阀EV1和电磁阀EV2失电，

观察所有气缸是否都复位。

3. 任务目标

本任务的目标有：①控制顺序控制描述正确；②实物接线正确，气路连接正确，系统所有功能验证正确。

四、任务拓展

1. 气动电器元件常见故障说明

气动电器元件常见故障说明如表4-1-2所示。

表4-1-2　气动电器元件常见故障说明

故障设备	故障现象	故障的可能原因及其解决方法
电磁阀	线圈不动作	原因：电磁阀线圈损坏。 解决方法：①用万用表测量电磁阀线圈电压是否为24 V，供电电压正负极是否正确，如没有电压则需要检查控制信号是否发出或开关电源是否存在故障；②如果电磁阀线圈供电电压正常，则证明电磁阀线圈损坏
	线圈动作，电磁阀不切换气路	原因：电磁阀损坏。 解决方法：给电磁阀进气端通气，并使线圈得电(得电后会有吸铁清脆的声)，出气端仍然没有压缩空气流出，则证明电磁阀已损坏，需要更换或维修
	线圈动作，电磁阀不受控制	原因：电磁阀方向接反。 接解方法：①检查电磁阀线圈正负极是否接反，线圈正负极接反也会导致电磁阀不受控制；②测量线圈电压是否是24 V，另外如果24 V电磁阀接入220 V电压，线圈立马烧毁；③检查电磁阀方向，在电磁阀的阀体上有箭头标明气体的流向，进气端和出气端等，方向接反了也会导致电磁阀不受控制，如以上都排查后基本上可以断定电磁阀已经损坏
气缸	输出动力不足	原因：气压不足或内外泄露。 解决方法：①检查气缸压缩空气的气压是否有0.4 MPa以上，如没有检查上一级供气是否存在问题；②检查活塞杆有无卡住、气缸内部有无杂质，如冷凝水等，检查活塞杆是否偏心不对中，杆上是否有刮痕，如有刮痕需要更换新的；③检查用拆开气缸检查气缸密封圈是否损坏
真空吸盘和真空发生器	真空控制电磁阀动作后，吸盘不工作	原因：吸盘或真空发生器损坏。 解决方法：①排查真空控制电磁阀是否能正常工作，排查方法和电磁故障一样；②如果真空电磁阀控制正确，更换新的真空发生器后验证机械抓手吸盘可否正常工作，如果可以则证明真空发生器损坏；③如果更换新的真空发生器后吸盘仍然不能工作，先不换下新的真空发生器，接着更换新的真空吸盘，验证机械抓手吸盘可否正常工作，这种情况可以确定真空吸盘是否已经损坏；④已经确定真空吸盘损坏，接着换回旧的真空发生器，验证机械抓手可否正确工作，如果可以则证明仅真空吸盘损坏，如果不可以则证明真空吸盘和真空发生器均损坏

2. 思考与练习

请思考如何实现抓取5 s后立马松开，抓手松开后过10 s自动吸取，再过2 s吸取松开，这个控制过程如果按下停止按钮，所有动作均能停止。

◀ 任务2　工业机器人工作站升降机控制 ▶

一、任务描述

从工业生产到日常的生活中,随处可见异步电动机,如何控制使用异步电动机是本任务的目的。

任务要求:①根据工业机工作站升降机控制的电气原理图,掌握三相异步电动机的使用、接线;②以电气原理图为基础,完成工业机器人工作站升降机控制控制所需的元器件安装、系统通电调试。

异步电动机控制的物流分流系统如图4-2-1所示。

图4-2-1　异步电动机控制的物流分流系统

二、相关知识

1. 异步电动机

异步电动机(见图4-2-2)又称异步电动机,是将转子置于旋转磁场中,在旋转磁场的作用下,获得一个转动力矩,把电能转换为动能的装置。

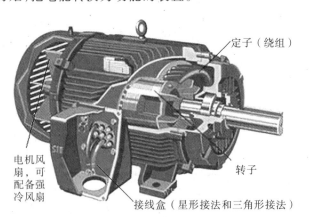

定子(绕组)

电机风扇,可配备强冷风扇

转子

接线盒(星形接法和三角形接法)

图4-2-2　异步电动机

1)异步电动机的结构原理和电气符号

(1)异步电动机的结构。

异步电动机由固定不变的定子和旋转的转子两个基本单元构成。定子部分主要包括定

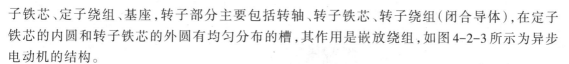

子铁芯、定子绕组、基座，转子部分主要包括转轴、转子铁芯、转子绕组（闭合导体），在定子铁芯的内圆和转子铁芯的外圆有均匀分布的槽，其作用是嵌放绕组，如图4-2-3所示为异步电动机的结构。

（2）异步电动机的工作原理。

由于旋转磁场不断切割转子中的闭合导体，产生感应电动势和感应电流，再由转子中的感应电流和旋转磁场的相互作用产生电磁转矩，使得转子随着旋转磁场的方向同向运转。比如笼型异步电动机，由于旋转磁场顺时针切割转子导体，相当于导体逆时针转动，运用右手定则，让磁感线垂直穿过手心，拇指指向导体的运动方向，四指的方向就是感应电流的方向（如图4-2-4所示笼型异步电动机转子绕组电流的方向），然后应用左手定则，磁感线穿过手心，四指指向电流运动方向，大拇指方向即为转子受到电磁力的方向（如图4-2-4所示电磁转矩矩T方向），在电磁力的作用下形成电磁转矩，拖动转子顺着旋转磁场的方向转动。

笼型异步电动机截面图如图4-2-4所示。

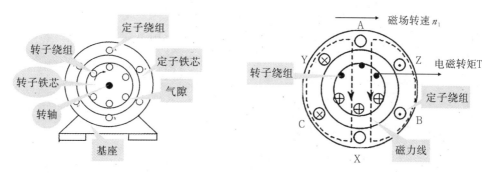

图4-2-3 异步电动机结构图　　　　图4-2-4 笼型异步电动机截面图

（3）异步电动机的分类。

异步电动机按定子绕组的相数分：有单相异步电动机和三相异步电动机。在没有三相电源或者所需的功率很小时，应采用单相电动机，单相电动机的功率一般不超过4千瓦，在日常生活中，用得较多。在工农业生产中，绝大多数用的是三相异步电动机。

三相异步电动机有两种基本类型。一种是鼠笼式异步电动机，这种电动机的转子绕组形状像一个笼子。鼠笼式异步电动机结构简单，启动方便，运行可靠，体积小，坚固耐用，度便于维护、检修和安装，成本低等。但是启动转矩较小，功率因数较低，转速不易调节，直接启动时启动电流大。另一种就是绕线式异步电动机，它的转子绕组和定子绕组基本上一样，也是三相绕组，可以联成星形或三角形。绕线式异步电动机可以通过在转子回路中串入外加电阻可以改善电动机的启动和调速性能；但是结构复杂，维护较麻烦，运行可靠性较差，价格较贵。

注意：单向异步电动机控制电压为交流220 V，三相异步电动机控制电压为交流380 V。

（4）单相异步电动机的基本结构。

单相异步电动机（见图4-2-5）又分为单相电阻启动异步电动机，单相电容启动异步电动机、单相电容运转异步电动机和单相双值电容异步电动机。

单相异步电动机就是只需单相交流电源供电的电动机。单相异步电动机由定子、转子、轴承、机壳、端盖等构成。定子由机座和带绕组的铁芯组成。铁芯由硅钢片冲槽叠压而成，槽内嵌装两套空间互隔90°电角度的主绕组（也称运行绕组）和辅绕组（也称启动绕组成副绕组）。主绕组接交流电源，辅绕组串接离心开关S或启动电容、运行电容等之后，再接入电源。转子为笼型铸铝转子，它是将铁芯叠压后用铝铸入铁芯的槽中，并一起铸出端环，使转子导条短路成鼠笼型。

图4-2-5 单相异步电动机

（5）图4-2-6所示为异步电动机的电气符号，文字符号使用M表示。

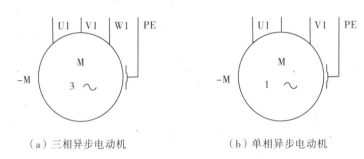

（a）三相异步电动机　　　　　　（b）单相异步电动机

图4-2-6 异步电动机的电气符号

2）异步电动机Y/△的接法

异步电机6个接线端子，上下铜片连接为三角形接法如图4-2-7（a）所示，3个接线端子横向短接为星形接法如图4-2-7（b）所示。

（a）△形电机实物接线图　　　　　　（b）Y形电机实物接线图

图4-2-7 异步电动机Y/△接法

3）异步电动机电机铭牌的识别

异步电动机供电电压决定了异步电动机的接线方式。以ABB电机铭牌为例，介绍异步电动机铭牌，电机铭牌如图4-2-8所示。

ABB	ABB Motors	CE
3~Mot. QA 90S2A		EFF2
QA091101-ASA	S 1	21 kg
No 32911117711	IP55	cl.F

V	Hz	r/min	kW	cosθ	A
220-240△	50	2850	7.5	0.87	5.58
380-420Y	50	2850	7.5	0.87	3.23

标准编号 Q/JBQS 28	2005年6月	上海ABB

图 4-2-8 异步电动机电机铭牌

铭牌参数解读:①三角形接法时电源额定电压 220～240 V,额定转速 2850 r/min,额定功率 7.5 kW,功率因素 0.87,额定电流 5.58 A;②星型角形接法时电源额定电压 380～420 V,额定转速 2850 r/min,额定功率 7.5 kW,功率因素 0.87,额定电流 3.23 A;③其他参数包括电机重量 21 kg,防护等级 IP55,生产序列号等。

2. 异步电动机的启动及调速

1)直接启动

直接启动可以用胶木开关、铁壳开关、空气开关(断路器)等实现电动机的近距离操作、点动控制、速度控制、正反转控制等,也可以用限位开关、交流接触器、时间继电器等实现电动机的远距离操作、点动控制、速度控制、正反转控制、自动控制等。

优点:直接启动的优点是所需设备少,启动方式简单,成本低,启动转矩大。

缺点:电动机直接启动的电流是正常运行的 5 倍左右容易造成电机过热。一方面,造成保护跳闸,有损电机寿命。另一方面,强大的启动电流冲击电网和电动机,影响电动机的使用寿命,对电网稳定运行不利,所以大容量的电动机和不能直接启动的电动机都要采用降压启动。

接线注意:经常启动的电动机,提供电源的线路或变压器容量应大于电动机容量的 5 倍以上;不经常启动的电动机,向电动机提供电源的线路或变压器容量应大于电动机容量的 3 倍以上。这一要求对于小容量的电动机容易实现,所以小容量的电动机绝大部分都是直接启动的,不需要降压启动。对大容量的电动机来说,是提供电源的线路和变压器容量很难满足电动机直接启动的条件。

直接启动实物接线图如图 4-2-9 所示。

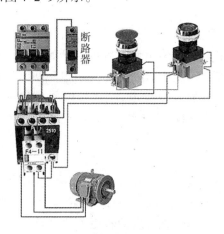

图 4-2-9 直接启动实物接线图

注意:直接启动的控制方式采用起保停的控制方式,这里不再赘述。

2）用自偶变压器降压启动

启动条件：采用自耦变压器降压启动，电动机的启动电流及启动转矩与其端电压的平方成比例降低，相同的启动电流的情况下能获得较大的启动转。如启动电压降至额定电压的65%，其启动电流为全压启动电流的42%，启动转矩为全压启动转矩的42%。

优点：可以直接人工操作控制，也可以用交流接触器自动控制，经久耐用，维护成本低，适合所有的空载、轻载启动异步电动机使用，在生产实践中得到广泛应用。

缺点：人工操作要配置比较贵的自偶变压器箱（自偶补偿器箱），自动控制要配置自偶变压器、交流接触器等启动设备和元件。

自耦变压器启动如图4-2-10所示。

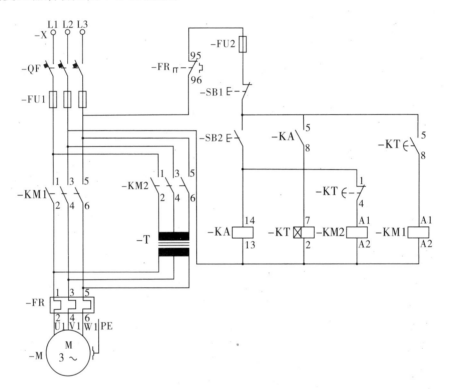

图4-2-10 自耦变压器启动

自耦变压器启动控制原理：①合闸低压断路器QF，按下启动按钮SB2，KA电磁继电器线圈得电，其触点闭合形成自锁；②KT通电延时继电器开始计时，同时交流接触器KM2线圈得电，交流接触器KM2主触点接通，变压启动三相异步电动机；③接通延时继电器定时时间到后，其常闭触点断开，交流接触器KM2失电，交流接触器KM2的主触点断开；同时接通延时继电器的常开触点接通，交流接触器KM1线圈得电，交流接触器KM1的主触点吸合，三相异步电动机恢复正常电压运行。

3）Y/△降压启动

定子绕组为△连接的电动机，启动时接成Y，速度接近额定转速时转为△运行，采用这种方式启动时，每相定子绕组降低到电源电压的58%，启动电流为直接启动时的33%，启动转矩为直接启动时的33%。具有启动电流小，启动转矩小的特点。

优点：不需要添置启动设备，有启动开关或交流接触器等控制设备就可以实现。

缺点：只能用于△连接的电动机，大型异步电机不能重载启动。

Y/△降压启动如图4-2-11所示。

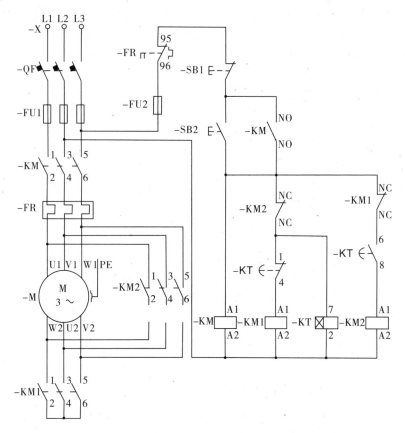

图4-2-11 Y/△降压启动

Y/△降压启动控制原理:①合闸低压断路器QF,按下启动按钮SB2,交流接触器KM线圈得电,其常开触点闭合形成自锁;②KT通电延时继电器开始计时,同时交流接触器KM1线圈得电,交流接触器KM1主触点接通、辅助常闭触点断开,主触点接通Y型启动三相异步电动机,辅助常闭触点断开与KM2形成互锁;③接通延时继电器定时时间到后,其常闭触点断开,交流接触器KM1失电,交流接触器KM1的主触点断开、辅助常闭触点复位闭合;同时接通延时继电器的常开触点接通,交流接触器KM2线圈得电,交流接触器KM2的主触点吸合,三相异步电动机△运行。

4)转子串电阻启动

原理:绕线式三相异步电动机,转子绕组通过滑环与电阻连接。外部串接电阻相当于转子绕组的内阻增加了,减小了转子绕组的感应电流。从某个角度讲,电动机又像是一个变压器,二次电流小,相当于变压器一次绕组的电动机励磁绕组电流就相应减小。

优点:根据电动机的特性,转子串接电阻会降低电动机的转速,提高转动力矩,有更好的启动性能。转子串电阻或频敏变阻器虽然启动性能好,可以重载启动。

缺点:在这种启动方式中,由于电阻是常数,将启动电阻分为几级,在启动过程中逐级切除,可以获取较平滑的启动过程。但只适合于价格昂贵、结构复杂的绕线式三相异步电动机。

总结:要想获得更加平稳的启动特性,必须增加启动级数,这就会使设备复杂化。采用了在转子上串频敏变阻器的启动方法,可以使启动更加平稳。

频敏变阻器启动原理是:电动机定子绕组接通电源电动机开始启动时,由于串接了频敏变阻器,电动机转子转速很低,启动电流很小,故转子频率较高,f2≈f1,频敏变阻器的铁损很大,随着转速的提升,转子电流频率逐渐降低,电感的阻抗随之减小。这就相当于启动过程中电阻的无级切除,当转速上升到接近于稳定值时,频敏电阻器短接,启动过程结束。

频敏变阻器启动应用:只是在启动控制、速度控制要求高的各种升降机、输送机、行车等行业使用。

定子串电阻原理如图4-2-12所示。

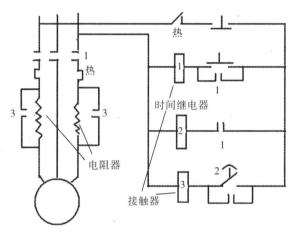

图4-2-12 定子串电阻原理

5)软启动器

软启动器是一种集电机软启动、软停车、轻载节能和多种保护功能于一体的新颖电机控制装置,国外称为Soft Starter。它的主要构成是串接于电源与被控电机之间的三相反并联闸管交流调压器。运用不同的方法,改变晶闸管的触发角,就可调节晶闸管调压电路的输出电压。在整个启动过程中,软启动器的输出是一个平滑的升压过程,直到晶闸管全导通,电机在额定电压下工作。

优点:降低电压启动,启动电流小,适合所有的空载、轻载异步电动机使用。

缺点:启动转矩小,不适用于重载启动的大型电机。

软启动器如图4-2-13所示。

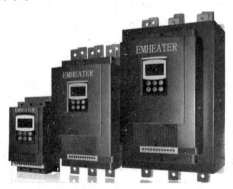

图4-2-13 软启动器

6)变频器

通常把电压和频率固定不变的交流电变换为电压或频率可变的交流电的装置称为"变频器"。该设备首先要把三相或单相交流电变换为直流电(DC),然后把直流电(DC)变换为三相或单相交流电(AC),变频器同时改变输出频率与电压,也就是改变了电机运行曲线上,使电机运行曲线平行下移。

优点:变频器可以使电机以较小的启动电流,获得较大的启动转矩,即变频器可以启动重载负荷。

缺点:变频器太贵了。

变频器如图4-2-14所示。

变频器具有调压、调频、稳压、调速等基本功能,应用了现代的科学技术,价格昂贵但性能良好,内部结构复杂但使用简单,所以不只是用于启动电动机,而是广泛地应用到各个领域,各种各样的功率、各种各样的外形、各种各样的体积、各种各样的用途等都有。随着技术的发展,成本的降低,变频器一定还会得到更广泛的应用。

异步电动机+变频器如图4-2-15所示。

图4-2-14 变频器

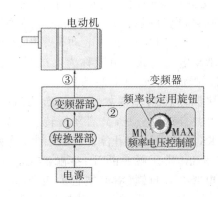

图4-2-15 异步电动机+变频器

3. 异步电动机的制动控制

电动机断电后,能使电动机在很短的时间内就停转的方法,称作制动控制。制动控制的方法常用的有二类,即机械制动与电力制动,下面将这两种制动方法介绍如下。

1)机械制动

机械制动是利用机械装置,使电动机迅速停转的方法,经常采用的机械制动设备是电磁抱闸,电闸抱闸的外形结构如图4-2-16所示。

电磁抱闸主要由两部分构成:制动电磁铁和闸瓦制动器。制动电磁铁由铁芯和线圈组成;线圈有的采用三相电源,有的采用单相电源;闸瓦制动器包括闸瓦、闸轮、杠杆和弹簧等。闸轮与电动机装在同一根转轴上,制动强度可通过调整弹簧力来改变。

电磁抱闸控制如图4-2-17所示。

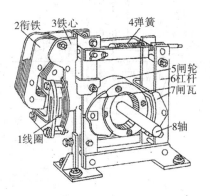

图4-2-16 电磁制动器

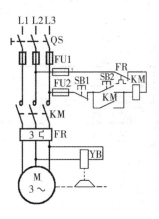

图4-2-17 电磁抱闸控制

电磁抱闸控制原理如下。①接通电源开关 QS 后,按启动按钮 SB2,接触器 KM 线圈获电工作并自锁。②电磁抱闸 YB 线圈获电,吸引衔铁(动铁芯),使动、静铁芯吸合,动铁芯克服弹簧拉力,迫使制动杠杆向上移动,从而使制动器的闸瓦与闸轮分开,取消对电动机的制动;与此同时,电动机获电启动至正常运转。③当需要停车时,按停止按钮 SB1,接触器 KM 断电释放,电动机的电源被切断的同时,电磁抱闸的线圈也失电,衔铁被释放,在弹簧拉力的作用下,使闸瓦紧紧抱住闸轮,电动机被制动,迅速停止转动。

2)电力制动

常用的电力制动有电源反接制动和能耗制动两种。

(1)电源反接制动。

电源反接制动是依靠改变电动机定子绕组的电源相序,而迫使电动机迅速停转的一种方法。 由于反接制动时,转子与定子旋转磁场的相对速度接近两倍的同步转速,故反接制动时,转子的感应电流很大,定子绕组的电流也随之很大,相当于全压直接启动时电流的两倍。为此,一般在 4.5 kW 以上的电动机采用反接制动时,应在主电路中串接一定的电阻器,以限制反接制动电流。这个电阻称为反接制动电阻,用 RB 表示。

电源反接制动控制如图 4-2-18 所示。

电源反接制动控制原理如下。①启动时,闭合电源开关 QS,按启动按钮 SB2,接触器 KM1 获电闭合并自锁,电动机 M 启动运转。②当电动机转速升高到一定值时(如 100 转/分),速度继电器 KS 的常开触头闭合,为反接制动作好准备。③停止时,按停止按钮 SB1(一定要按到底),按钮 SB1 常闭触头断开,接触器 KM1 失电释放,而按钮 SB1 的常开触头闭合,使接触器 KM2 获电吸合并自锁,KM2 主触头闭合,串入电阻 RB 进行反接制动,电动机产生一个反向电磁转矩,即制动转矩,迫使电动机转速迅速下降;当电动机转速降至约 100 转/每分钟以下时,速度继电器 KS 常开触头断开,接触器 KM2 线圈断电释放,电动机断电,防止反向启动。

(2)能耗制动。

三相鼠笼式电动机的能耗制动把转子储存的机械能转变成电能,又消耗在转子上,使之转化为制动力矩的一种方法。

将正在运转的电动机从电源上切除,向定子绕组通入直流电流,便产生静止的磁场,转子绕组因惯性在静止磁场中旋转,切割磁力线,感应出电动势,产生转子电流,该电流与静止磁场相互作用,产生制动力矩,使电动机转子迅速减速、停转。这种制动所消耗的能量较小,制动准确率较高,制动转距平滑,但制动力较弱,制动力矩与转速成正比地减小。还需另设直流电源,费用较高。能耗制动适用于要求制动平稳、停位准确的设备,如铣床;龙门刨床及组合机床的主轴定位等。

能耗制动控制如图 4-2-19 所示。

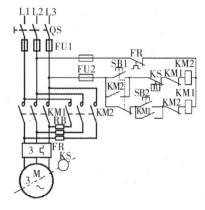

图 4-2-18 电源反接制动控制

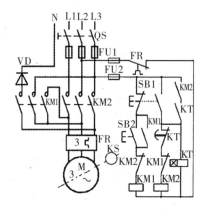

图 4-2-19 能耗制动控制

能耗制动控制原理如下。①闭合电源开关QS,按启动按钮SB2,接触器KM1线圈获电吸合并自锁,电动机启动运行。②停止时,将停止按钮SB1按到底,使其常开触头可靠闭合,其常闭触头断开,使KM2断电释放,电动机断电作惯性旋转。其常开触头闭合,使时间继电器KT和接触器KM2获电吸合并自锁。③电动机进入半波整流能耗制动,待过了预先整定的时间后(此时电动机已停转),KT的延时断开常闭触头断开,切断KM2线圈回路,使KM2断电释放,KM2断电后其常开触头KM2断开,使KT也失电释放,整个电路恢复至原始状态。

三、任务实施

1.任务说明

工业机器人工作站升降机控制任务具体流程如下:①按下下降按钮后,控制三相异步电动机向下运动,当碰到下降限位后,自动上升3 s停止;②按下上升按钮后,控制三相异步电动机向上运动,当碰到上升限位后,自动下降3 s停止;③按下停止按钮,不管是上升还是下降均停止;④本任务要求上升过程中,黄灯亮;下降过程中,绿灯亮;系统设置急停按钮以便急停控制且以红灯显示急停已经按下;⑤系统安装有上、下极限限位开关,当上升接近开关限位或下降接近开关限位出现问题,如果碰到上、下极限限位开关可以立即停止运行。⑥使用热保护继电器保护电机,使用低压熔断器保护主回路和控制回路。

本任务要求根据工业机器人工作站升降机控制电气原理图,首先明确系统控制原理和控制方式,根据控制系统中的控制元件组成表,将图4-2-20电气原理图转换为实物接线,并在元件配盘上安装其他的电器元件,安装线槽,选择电缆接线、走线;最后经测试后送电验证工业机器人工作站升降机控制功能。控制系统使用一台三相异步电动机控制升降机升降,三相异步电动机的启停采用直接启停的控制方法。

1)工业机器人工作站升降机控制电气原理图

工业机器人工作站升降机控制电气原理图如图4-2-20所示。

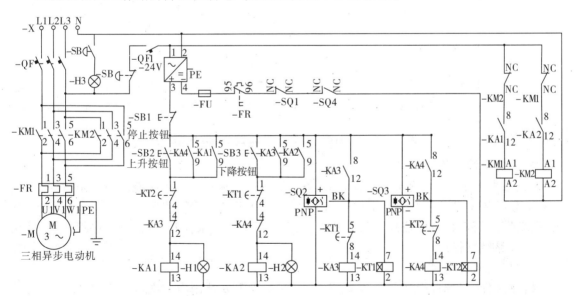

图4-2-20 工业机器人工作站升降机控制电气原理图

2)工业机器人末端执行器控制元件组成表

工业机器人末端执行器控制元件组成表如表4-2-1所示。

表4-2-1　工业机器人末端执行器控制元件组成表

元件名称	数量	规格型号	备注
三相异步电动机	1台	380 V，2.2 kW，3.8 A，Y形接法	鼠笼式
低压断路器	1个	6 A，3极	
低压断路器	1个	1 A，1极	或采用漏电保护断路器
开关电源	1个	100 W	
电磁继电器	4个	直流线圈24 V DC、8脚	带底座
时间继电器	2个	直流24 V、通电延时、8脚	带底座
启动按钮	1个	绿色按钮，自复位一常开型、Φ22	使用按钮盒安装
停止按钮	1个	黑色自复位一常闭型平头按钮、Φ22	使用按钮盒安装
急停按钮	1个	红色急停按钮，Φ22	
指示灯	3个	Φ22，黄绿红各一个	使用按钮盒安装
接近开关	2个	直流24 V，常开型，三线制PNP	
限位开关	2个	滚轮式，一常开一常闭型	
热继电器	1个	7.2 A，独立安装型	
交流接触器	2个	3.8 A，220 V线圈	
低压熔断器	1个	3 A，圆筒形帽熔断器	带熔断器底座

说明：如果没有三相异步电动机，可以采用图4-2-21所示的简图来搭建控制系统。

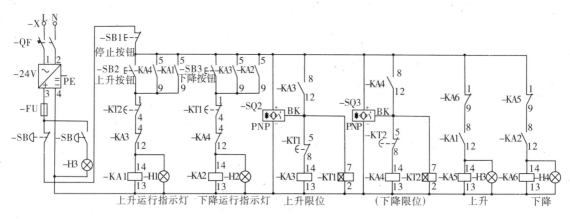

图4-2-21 工业机器人工作站升降机控制简化电气原理图

2. 任务实施步骤

（1）根据图4-2-20，读懂电气原理图，条理清晰地描述并列出系统控制的控制过程，注意描述系统控制上升控制及上升限位自动下降控制、下降控制及下降限位自动上升控制、上升和下降的显示控制，急停控制及急停显示，上升和下降的极限控制，电机的热保护控制，系统配电的线路短路保护。

（2）搭建电气实物。

搭建流程：①选择合适的电器安装工具，在配盘上安装固定好电器元件、线槽和DIN导轨；②根据电气原理图选择合适的电器接线工具，搭建控制回路。

（3）系统顺序控制功能验证。

验证流程：①低压断路器QF合闸前设备状态测试，使用万用表交流750 V测量三相电源的电压是否为220~240 V之间,使用万用表的通断档测试开关电源的正负极有没有短路的故障;②调整好2个时间继电器的设定时间,给低压断路器合闸,使用万用表直流200 V测量开关电源输出电压是否为24 V;③按下上升按钮SB2,观察三相异步电动机能否持续正转且仅绿灯常亮;④感应一下上升接近开关,观察三相异步电动机是否立马反转3 s后停止;⑤按下下降按钮SB3,观察三相异步电动机能否持续反转且仅绿灯常亮;⑥感应一下下降接近开关,观察三相异步电动机是否立马正转转3 s后停止;⑦三相异步电动机运行过程中,上、下极限触碰限位开关,观察电动机能否停止;⑧按下急停按钮,观察红灯是否常亮,再按上升或下降按钮观察三相异步电动机能否启动。

3. 任务目标

本任务的目标有:①上升控制及上升限位自动下降控制、下降控制及下降限位自动上升控制、上升和下降的显示控制,急停控制及急停显示,上升和下降的极限控制,电机的热保护控制,系统配电的线路短路保护描述正确;②实物接线正确,系统所有功能验证正确。

四、任务拓展

1. 异步电动机常见故障说明

异步电动机常见故障说明如表4-2-2所示。

表4-2-2 异步电动机常见故障说明

故障设备	故障现象	故障的可能原因及其解决方法
异步电动机	电动机发热、异响或堵转不转	原因:缺相、堵转或电机损坏。 解决方法:①检查电动机电压是否正确,220 V的电动机只能接入220 V AC电,380 V的电动机只能接入380 V AC交流电,接错电会导致电动机异响或不工作;②检查电动机相间短路,拆下电动机所有的接线包括连接铜片,用摇表测量电动机相间、单相对地绝缘阻值,如果相间或对地有短路则需要更换电动机或维修;③排查因负载增大引起的电机故障,检查皮带、减速机、皮带轮等被驱动设备有没有卡死的情况;④摇表检测电动机绝缘良好,拆开电机检查机械轴承等;⑤检查对应驱动器有没有故障报警或驱动器损坏的故障

2. 思考与练习

根据附件7,完成三相异步电动机的Y/△降压启动控制。

◀ 任务3 工业机器人工作站行走小车控制 ▶

一、任务描述

直流电动机局域启动和调速性能好,调速范围广平滑,过载能力较强,受电磁干扰影响小的特点,在工业机器人工作站一些特殊需要的场合使用,如AGV无人行走小车。

本任务的要求:①根据工业机工作站行走小车控制的电气原理图,掌握直流电动机的使用、接线;②以电气原理图为基础,完成工业机器人工作站行走小车控制控制所需的元器件安装、系统通电调试的任务。

AGV无人搬运小车如图4-3-1所示。

二、相关知识

1. 直流电动机

1)直流电机的基本结构

直流电机的结构可分为静止和转动两部分,静止部分称为定子,旋转部分称为转子(也称电枢),其间有一定的气隙。

小型直流电动机如图4-3-2所示。

图4-3-1 AGV无人搬运小车

图4-3-2 小型直流电动机

直流电机的定子由机座、主磁极、换向磁极、前后端盖和刷架等部件组成。其中主磁极是产生直流电机气隙磁场的主要部件,由永磁体或带有直流励磁绕组的叠片铁芯构成。

直流电机的转子由电枢、换向器(又称整流子)和转轴等部件构成。其中电枢由电枢铁芯和电枢绕组两部分组成。电枢铁芯由硅钢片叠成,在其外圆处均匀分布着齿槽,电枢绕组则嵌置于这些槽中。

换向器是一种机械整流部件。由换向片叠成圆筒形后,以金属夹件或塑料成型为一个整体。各换向片间互相绝缘。换向器质量对运行可靠性有很大影响。

直流电动机剖面图如图4-3-3所示。

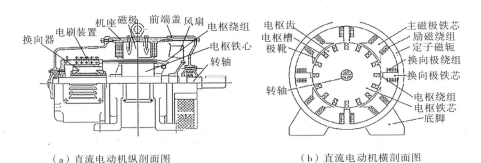

(a)直流电动机纵剖面图　　　　　　　　(b)直流电动机横剖面图

图4-3-3 直流电动机剖面图

2)直流电动机的工作原理

图4-3-4是一台最简单的两极直流电机模型。它的固定部分(定子)上,装设了一对直流励磁的静止的主磁极N和S,在旋转部分(转子)上装设电枢铁芯。定子与转子之间有一气隙。在电枢铁芯上放置了由A和X两根导体连成的电枢线圈,线圈的首端和末端分别连到两个圆弧形的铜片上,此铜片称为换向片。换向片之间互相绝缘,由换向片构成的整体称为换向器。换向器固定在转轴上,换向片与转轴之间亦互相绝缘。在换向片上放置着一对固定不动的电刷B1和B2,当电枢旋转时,电枢线圈通过换向片和电刷与外电路接通。

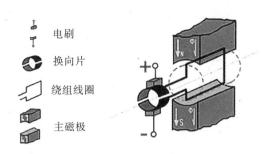

图4-3-4 直流电动机工作原理模型

　　直流电动机的电气符号如图4-3-5所示,绘制直流电动机时需要注意正负极,如果有励磁线圈也需要绘制出励磁线圈及其正负极。

　　3)直流电机分类

　　直流电机由定子磁极、转子(电枢)、换向器、电刷、机壳、轴承等构成。电磁式直流电机的定子磁极(主磁极)由铁芯和励磁绕组构成。根据其励磁(旧标准称为激磁)方式的不同又可分为串励直流电机、并励直流电机、他励直流电机和复励直流电机。因励磁方式不同,定子磁极磁通(由定子磁极的励磁线圈通电后产生)的规律也不同。

　　(1)串励直流电机的励磁绕组与转子绕组之间通过电刷和换向器相串联,励磁电流与电枢电流成正比,定子的磁通量随着励磁电流的增大而增大,转矩近似与电枢电流的平方成正比,转速随转矩或电流的增加而迅速下降。其启动转矩可达额定转矩的5倍以上,短时间过载转矩可达额定转矩的4倍以上,转速变化率较大,空载转速甚高(一般不允许其在空载下运行)。可通过用外用电阻器与串励绕组串联(或并联)、或将串励绕组并联换接来实现调速。

　　串励直流电动机如图4-3-6所示。

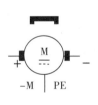

图4-3-5 直流电动机电气符号　　　　　图4-3-6 串励直流电动机

　　(2)并励直流电机的励磁绕组与转子绕组相并联,其励磁电流较恒定,启动转矩与电枢电流成正比,启动电流约为额定电流的2.5倍左右。转速则随电流及转矩的增大而略有下降,短时过载转矩为额定转矩的1.5倍。转速变化率较小,为5%～15%。可通过消弱磁场的恒功率来调速。并励直流电动机接线图如图4-3-7所示。

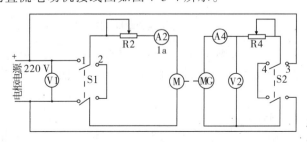

图4-3-7 并励直流电动机接线图

（3）他励直流电机的励磁绕组接到独立的励磁电源供电，其励磁电流也较恒定，启动转矩与电枢电流成正比。转速变化也为5%~15%。可以通过消弱磁场恒功率来提高转速或通过降低转子绕组的电压来使转速降低。

（4）复励直流电机的定子磁极上除有并励绕组外，还装有与转子绕组串联的串励绕组（其匝数较少）。串联绕组产生磁通的方向与主绕组的磁通方向相同，启动转矩约为额定转矩的4倍左右，短时间过载转矩为额定转矩的3.5倍左右。转速变化率为25%~30%（与串联绕组有关）。转速可通过消弱磁场强度来调整。

直流电机励磁区别如图4-3-8所示。

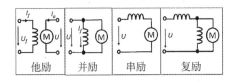

他励电动机：励磁线圈与转子电枢的电源分开。
并励电动机：励磁线圈与转子电枢并联到同一电源上。
串励电动机：励磁线圈与转子电枢串联接到同一电源上。
复励电动机：励磁线圈与转子电枢的联接有串有并，接在同一电源上

图4-3-8 直流电机励磁区别

2. 直流电机的启动

1）直接启动

直流电动机直接启动不需要附加启动设备，操作方便，但启动电流很大，最大冲击电流可达额定电流的15~20倍。通常，只有功率不大于4千瓦，启动电流为额定电流6~8倍的直流电动机才适用直接启动。

小型直流电动机直接启动如图4-3-9所示。

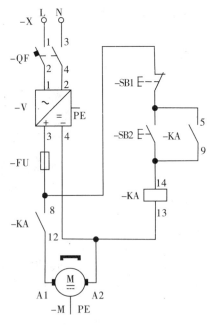

图4-3-9 小型直流电动机直接启动

小型直流电动机直接启动原理：①合闸低压断路器，开关电源开始工作；②按下按钮SB2，电磁继电器KA得电并自锁；③电磁继电器触点8~12闭合，直流电机两端有电压开始转动。

2）电枢回路串联电阻启动

启动时，电枢回路上串入启动电流，以限制启动电流。启动电流为一可变电阻，在启动

过程中可及时逐级短接。这种启动方式广泛用于各种中小型直流电动机。启动过程中能量消耗较大，不适用于经常启动的大、中型电动机。

串励直流电动机电阻启动如图4-3-10所示。

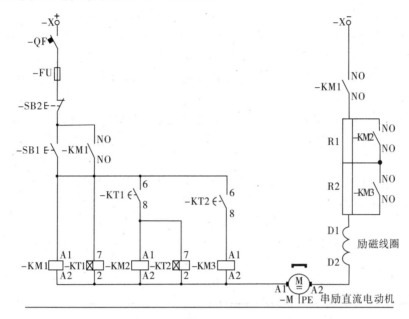

图4-3-10 串励直流电动机电阻启动

串励直流电动机串电阻启动原理：①按下按钮SB1，交流接触器线圈得电并自锁，同时时间继电器KT1线圈的电开始计时，直流电路全电阻启动；②KT1定时时间到后，交流接触器KM2线圈得电，电阻R1被短路，仅电阻R2接入电路；同时时间继电器KT2线圈得电，开始计时；③KT2定时时间到后，交流接触器KM3线圈得电，电阻R2倍短路，此时直流电动机是全压运行。

3）降压启动

由单独的电源供电，用降低电源电压的方法来限制启动电流。降压启动时，启动电流将随电枢电压的降低程度成正比地减小，为使电机能在最大磁场下启动，在启动过程中励磁应不受电源电压的影响，所以电动机应实行他励。电动机启动后，随着转速的上升，可相应提高电压，以获得所需的加速转矩。降压启动消耗能量小，启动平滑，但需要专用的电源设备。这种启动方法多用于经常启动的直流电动机和大、中型直流电动机。

3. 直流电动机的调速

1）调节电枢供电电压U

改变电枢电压主要是从额定电压往下降低电枢电压，从电动机额定转速向下变速，属恒转矩调速方法。对要求在一定范围内无级平滑调速的系统来说，这种方法最好。电枢电流变化遇到的时间常数较小，能快速响应，但是需要大容量可调直流电源。

2）改变电动机主磁通φ

改变磁通可以实现无级平滑调速，但只能减弱磁通，从电动机额定转速向上调速、属恒功率调速方法。电枢电流变化时遇到的时间常数要大很多，响应速度较慢，但所需电源容量小。

3）改变电枢回路电阻R

在电动机电枢回路外串电阻进行调速的方法，设备简单，操作方便。但是只能有级调速,调速平滑性差,机械特性较软;在调速电阻上消耗大量电能。改变电阻调速缺点很多,目前很少采用。

4)脉宽调制PWM调速系统

自动控制的直流调速系统往往以调压调速为主,必要时把调压调速和弱磁调速两种方法配合起来使用。脉宽调制(PWM)直流调速系统近年来在中小功率直流传动中得到了迅猛的发展,与老式的可控直流电源调速系统相比,PWM调速系统有以下优点。

(1)采用全控型器件的PWM调速系统,其脉宽调制电路的开关频率高,因此系统的频带宽,响应速度快,动态抗扰能力强。

(2)由于开关频率高,仅靠电动机电枢电感的滤波作用就可以获得脉动很小的直流电流,电枢电流容易连续,系统的低速性能好,稳速精度高,调速范围宽,同时电动机的损耗和发热都较小。

(3)PWM系统中,主电路的电力电子器件工作在开关状态,损耗小,装置效率高,而且对交流电网的影响小,没有晶闸管整流器对电网的"污染",功率因数高,效率高。

(4)主电路所需的功率元件少,线路简单,控制方便。

(5)PWM调速控制原理是通过调整直流电压的占空比来控制直流电动机的速度,如图4-3-11所示。

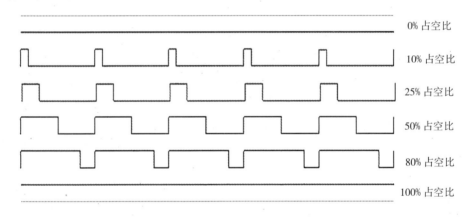

图4-3-11 PWM直流调速控制原理

三、任务实施

1. 任务说明

工业机器人工作站行走小车控制任务具体流程如下:①按下前进按钮后,控制直流电动机向前运动;②按下后退按钮后,控制直流电动机向后运动;③按下停止按钮,不管是前进还是后退均停止。

本任务要求根据工业机器人工作站小车行走控制电气原理图,首先明确系统控制原理和控制方式,根据控制系统中的控制元件组成表,将图4-3-12电气原理图转换为实物接线;其次在元件配盘上安装其他的电器元件,安装线槽,选择电缆接线、走线;最后经测试后送电验证小车行走控制功能。控制系统使用一台直流电动机小车正转和反转,达到小车前进和后退的目的,直流电机的启停采用直接启停的控制方法。

1)工业机器人工作站行走小车控制电气原理图

工业机器人工作站行走小车控制电气原理图如图4-3-12所示。

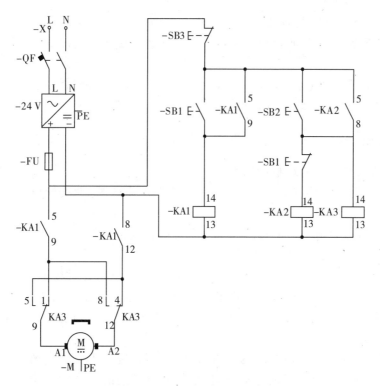

图4-3-12 工业机器人工作行走小车控制电气原理图

2）工业机器人末端执行器控制元件组成表

工业机器人末端执行器控制元件组成表如表4-3-1所示。

表4-3-1 工业机器人末端执行器控制元件组成表

元件名称	数量	规格型号	备注
微型直流电动机	1台	24 V	
低压断路器	1个	2 A，2 极	或采用漏电保护断路器
开关电源	1个	100 W	
电磁继电器	3个	直流线圈24 V DC、8 脚	带底座
启动按钮	1个	绿色按钮，自复位一常开型、Φ22	使用按钮盒安装
停止按钮	1个	黑色自复位一常闭型平头按钮、Φ22	使用按钮盒安装
低压熔断器	1个	3 A，圆筒形帽熔断器	带熔断器底座

2. 任务实施步骤

（1）根据图4-3-11，读懂电气原理图，条理清晰地描述并列出系统控制的控制过程，注意描述系统控制直流电动机的正转启动控制，反转启动控制，8脚电磁继电器如何扩展触点。

（2）搭建电气实物。

搭建流程：①选择合适的电器安装工具，在配盘上安装固定好电器元件、线槽和DIN导轨；②根据电气原理图选择合适的电器接线工具，搭建控制回路。

（3）系统顺序控制功能验证。

验证流程：①低压断路器 QF 合闸前设备状态测试，使用万用表交流 750 V 测量三相电源的电压是否在220～240 V 之间，使用万用表的通断档测试开关电源的正负极有没有短路的故障；②给低压断路器合闸，使用万用表直流 200 V 测量开关电源输出电压是否为24 V；③按下前进按钮SB1,观察直流电动机能否持续正转;④按下后退按钮SB2,观察直流电动机能否持续反转;⑤按下停止按钮,直流电动机不管是正转还是反转均能停止。

3. 任务目标

本任务的目标有:①直流电动机的正转启动控制,反转启动控制,8脚电磁继电器如何扩展触点描述正确;②实物接线正确,系统所有功能验证正确。

四、任务拓展

1. 直流电动机与交流电动机的比较

(1)两者的外部供电不同,直流电机使用直流电作为电源,两交流电机则使用交流电作为电源。

(2)从结构上说,直流电机的原理相对简单但结构复杂,不便于维护;两交流电机原理复杂但结构相对简单,而且比直流电机便于维护。

(3)直流电机是磁场不动,导体在磁场中运动;而交流电机是磁场旋转运动而导体不动。

(4)在调速方便,直流电机可以实现平滑而经济的调速,不需要其他设备的配合,只要改变输入或励磁电压电流就能实现调速;而交流电机自身完成不了调速,需要借助变频涉笔来实现速度的改变。

(5)电机结构不同,直流电机通的是直流电,不会直接产生旋转磁场。它依靠随转子转动的换向器随时改变进入转子的电流方向,使转子定子间的磁场的极性一直相反。这样转子才能转动;而交流电机因为使用的是交流电,只要定制线圈按相位布局,自然会产生旋转磁场。

(6)输出功率不同,一般直流电机比交流电机功率要小,特别是无刷直流电机,克服有刷直流电机的很多缺点,但是自身也有缺点比如共振问题。

总结:交流电动机结构简单、效率高、价格便宜、维护方便,所以得到广大的应用,但是调速不方便;直流电动机调速方便,所以在调速要求比较高的地方常使用直流电动机;但现在变频调速发展很快,性能也很好,大有取代直流电机的趋势。

2. 思考与练习

根据附件8,完成简易滑台往返运动控制。

◀ 任务4 工业机器人工作站模拟变位机控制 ▶

一、任务描述

工业控制过程有许多地方要求精确位置控制,步进和伺服控制应用而生;步进电动机和伺服电动机用途十分广泛,比如数控机床、甚至电脑的光驱两种就都有,控制激光头的是步进电机,主轴是伺服电机,本任务以工业机器人工作站模拟变位机调试来说明。

本任务的要求:①根据工业机工作站模拟变位机控制的电气原理图,掌握步进电动机的使用、接线;②以电气原理图为基础,完成工业机器人工作站模拟变位机控制控制所需的元器件安装、系统通电调试的任务。

焊接工业机器人工作站变位机如图4-4-1所示。

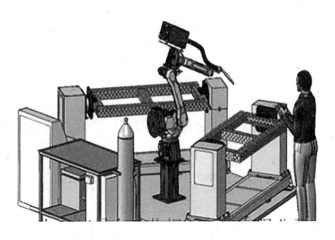

图4-4-1 焊接工业机器人工作站变位机

二、相关知识

1. 步进电动机

步进电动机是一种将电脉冲转化为角位移的执行元件。当步进电动机驱动器接收到一个脉冲信号(来自控制器),它就驱动步进电动机按设定的方向转动一个固定的角度(称为"步距角")。它的旋转是以固定的角度一步一步运行的。

步进电动机和步进驱动器如图4-4-2所示。

图4-4-2 步进电动机和步进驱动器

1)步进驱动器功能

步进电动机不能直接接到直流或交流电源上工作,必须使用专用的驱动电源(步进电动机驱动器)。控制器(脉冲信号发生器)可以通过控制脉冲的个数来控制角位移量,从而达到准确定位的目的;同时可以通过控制脉冲频率来控制电机转动的速度和加速度,从而达到调速的目的。步进电动机的开环控制系统构成如图4-4-3所示。

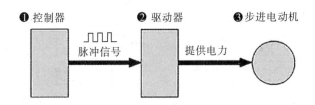

图4-4-3 步进电动机的开环运动控制系统构成

步进电动机运行系统以步进电动机,驱动器,控制器三要素构成:步进驱动系统控制参数:①脉冲数量——位移量;②脉冲频率——电机转速;③脉冲顺序——方向。

步进驱动系统的优缺点：①优点是结构简单，价格便宜，工作可靠；②缺点有容易失步（尤其在高速、大负载时），影响定位精度，在低速时容易产生振动（但恒流斩波驱动、细分驱动等新技术的综合应用，明显提高了定位精度，降低了低速振动）。

步进电机是一种脉冲控制的执行元件，可将输入脉冲转换为机械角位移。每给步进电机输入一个脉冲，其转轴就转过一个角度，称为步距角。步进驱动控制系统一般采用的开环控制，如经济型数控机床的进给驱动。CNC 机床步进电动机开环控制系统如图4-4-4所示。

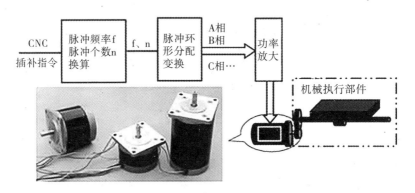

图4-4-4 CNC机床步进电动机开环控制系统

2）步进电动机结构原理和电气符号

（1）对线圈 L1 进行通电是，L1 会被磁化，中间部分的磁铁被 L1 吸引，并于平衡后停止。步进电动机的简易示意图如图4-4-5所示。

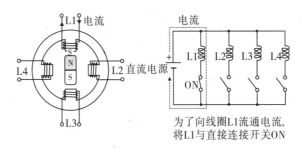

图4-4-5 步进电动机的简易示意图1

（2）对线圈 L2 进行通电时 L2 被磁化后，磁铁会向 L2 方向吸引，并与平衡后停止。步进电动机的简易示意图如图4-4-6所示。

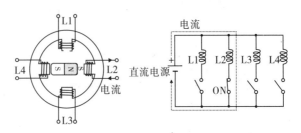

图4-4-6 步进电动机的简易示意图2

（3）此简易示意图的基本步距角为90°，可通过增加转子（磁铁）、定子（线圈）的磁极数，实现减小距角，图4-4-7是步进电动机的电气符号。

图4-4-7 步进电动机的电气符号

3）步进电动机的工作方式

步进电机的工作方式（通电顺序）可分为三相单三拍、三相单双六拍、三相双三拍等。

（1）三相单三拍工作方式。

三相绕组Y形联接方式如图4-4-8所示。

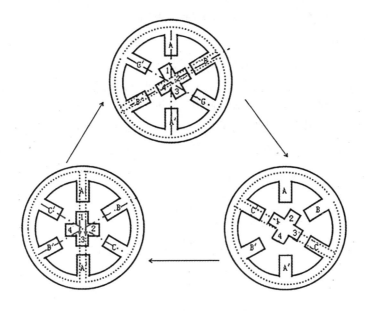

图4-4-8 三相绕组Y形联接方式

图4-4-9为三相三拍步进电动机的通电顺序。

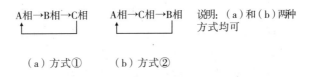

（a）方式① 　　（b）方式②

图4-4-9 三相绕组中的通电顺序

三相单三拍的特点：①每来一个电脉冲，转子转过30°；②转子的旋转方向取决于三相线圈通电的顺序；③每次定子绕组只有一相通电，在切换瞬间失去自锁转矩，容易产生失步，只有一相绕组产生力矩吸引转子，在平衡位置易产生振荡。

（2）三相六拍工作方式。

三相六拍的通电顺序为①A→AB→B→BC→C→CA→A…（逆时针），②A→AC→C→BC→B→BA→A…（顺时针），每步转过15°，步距角是三相三拍工作方式的一半。

三相六拍的特点：电机运转中始终有一相定子绕组通电，运转比较平稳。

三相六拍的工作方式如图4-4-10所示。

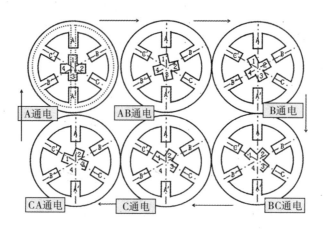

图4-4-10 三相六拍的工作方式

（3）双三拍工作方式。

双三拍通电顺序为①AB→BC→CA→AB···（转子逆时针旋转），②AC→CB→BA→···（转子顺时针旋转），有两对磁极同时对转子的两对齿进行吸引，每步仍旋转30°。

双三拍的特点：始终有一相定子绕组通电，工作较平稳；避免了单三拍通电方式的缺点。

（4）步进电动机的齿数与步距角的关系。

实际上步进电动机的转子齿有很多，例如：转子40个齿，定子仍是3对磁极，三相六拍运行，其步距角为

$$\partial = \frac{360}{40 \times 3 \times 2} = 1.5°$$

如果是三相单三拍，则步距角为

$$\partial = \frac{360}{40 \times 3 \times 1} = 3°$$

4）步进电机的分类

步进电动机也叫脉冲电机。步进电机按结构包括反应式步进电动机（VR）、永磁式步进电动机（PM）、混合式步进电动机（HB）等。

（1）反应式步进电动机也称感应式、磁阻式步进电动机。其定子和转子均由软磁材料制成，定子上均匀分布的大磁极上装有多相励磁绕组，定、转子周边均匀分布小齿和槽，通电后利用磁导的变化产生转矩。一般为三、四、五、六相；可实现大转矩输出（消耗功率较大，电流最高可达20 A，驱动电压较高）；步距角小；断电时无定位转矩；电机内阻尼较小，单步运行（指脉冲频率很低时）震荡时间较长；启动和运行频率较高。

（2）永磁式步进电动机通常转子由永磁材料制成，软磁材料制成的定子上有多相励磁绕组，定、转子周边有小齿和槽，通电后利用永磁体与定子电流磁场相互作用产生转矩。一般为两相或四相；输出转矩小（消耗功率较小，电流一般小于2 A，驱动电压12 V）；步距角大（例如7.5°、15°、22.5°等）；断电时具有一定的保持转矩；启动和运行频率较低。

（3）混合式步进电动机也称永磁反应式、永磁感应式步进电动机，混合了永磁式和反应式的优点。其定子和四相反应式步进电动机没有区别（但同一相的两个磁极相对，且两个磁极上绕组产生的N、S极性必须相同），转子结构较为复杂（转子内部为圆柱形永磁铁，两端外套软磁材料，周边有小齿和槽）。一般为两相或四相；须供给正负脉冲信号；输出转矩较永磁式大（消耗功率相对较小）；步距角较永磁式小（一般为1.8°）；断电时无定位转矩；启动和运行频率较高；是目前发展较快的一种步进电动机。

混合式步进电动机如图4-4-11所示。

图4-4-11 混合式步进电动机

5)步进电动机的选择

（1）步距角的选择。

电机的步距角取决于负载精度的要求,将负载的最小分辨率(当量)换算到电机轴上,每个当量电机应走多少角度(包括减速)。电机的步距角应等于或小于此角度。目前市场上步进电机的步距角一般有 0.36°/0.72°(五相电机)、0.9°/1.8°(二、四相电机)、1.5°/3°(三相电机)等。

（2）静力矩的选择。

步进电机的动态力矩一下子很难确定,往往先确定电机的静力矩。静力矩选择的依据是电机工作的负载,而负载可分为惯性负载和摩擦负载二种。单一的惯性负载和单一的摩擦负载是不存在的。直接启动时(一般由低速)时二种负载均要考虑,加速启动时主要考虑惯性负载,恒速运行进只要考虑摩擦负载。一般情况下,静力矩应为摩擦负载的2~3倍内好,静力矩一旦选定,电机的机座及长度便能确定下来(几何尺寸)。

（3）电流的选择。

静力矩一样的电机,由于电流参数不同,其运行特性差别很大,可依据步进电动机矩频特性曲线图,判断电机的电流(参考驱动电源,以及驱动电压)。

（4）力矩与功率换算。

步进电机一般在较大范围内调速使用、其功率是变化的,一般只用力矩来衡量,力矩与功率换算如下。

①$\Omega=2\pi \cdot n/60$、$P=2\pi nM/60$,其 P 为功率单位为瓦,Ω 为每秒角速度,单位为弧度,n 为每分钟转速,M 为力矩单位为牛顿·米。

②$P=2\pi fM/400$(半步工作),其中 f 为每秒脉冲数(简称PPS)。

注意:步进电机应用于低速场合,最好在1000~3000 PPS(0.9°)间使用,可通过减速装置使其在此间工作,此时电机工作效率高,噪音低。

6)步进驱动器

步进电机驱动器是一种将电脉冲转化为角位移的执行机构。当步进驱动器接收到一个脉冲信号,它就驱动步进电机按设定的方向转动一个固定的角度(称为"步距角")。它的旋转是以固定的角度一步一步运行的。可以通过控制脉冲个数来控制角位移量,从而达到准确定位的目的;同时可以通过控制脉冲频率来控制电机转动的速度和加速度,从而达到调速和定位的目的。

通用型步进驱动器如图4-4-12所示。

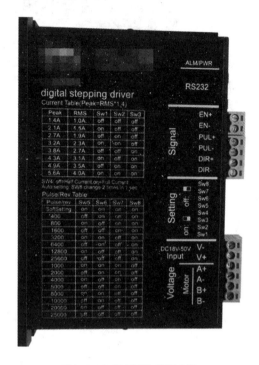

图4-4-12 通用型步进驱动器

(1)接口功能说明。

①控制信号接口。

步进驱动器控制信号接口表如表4-4-1所示。

表4-4-1 步进驱动器控制信号接口表

名称	说明
PUL+	脉冲控制信号:脉冲上升沿有效;PUL-高电平时4~5 V,低电平时0~0.5 V。
PUL-	为了可靠响应脉冲信号,脉冲宽度应大于1.2 μs。如采用+12 V或+24 V时需串电阻
DIR+	当输入方式为脉冲+方向时,作方向信号:高/低电平信号,为保证电机可靠换向,方向信号应先于脉冲信号至少5 μs建立。电机的初始运行方向与电机的接线有关,互换任一相绕组(如A+、A-交换)可以改变电机初始运行的方向,DIR-高电平时4~5 V,低电平时0~0.5 V。如采用+12 V或+24 V时需串电阻。
DIR-	当输入方式为双脉冲时,作反向脉冲信号:其特性PUL+,PUL-相同。
ENA+	当输入方式为编码器跟随时,作B相脉冲信号:其特性PUL+,PUL-相同。 使能信号:此输入信号用于使能或禁止。ENA+接+5 V,ENA-接低电平(或内部光耦导
ENA-	通)时,驱动器将切断电机各相的电流使电机处于自由状态,此时步进脉冲不被响应。当不需用此功能时,使能信号端悬空即可

②功率端口。

步进驱动器功率端口表如表4-4-2所示。

表4-4-2　步进驱动器功率端口表

名称	说明
V–	输入电源负
V+	输入电源正,输入电压为18~50 V
A+	电机A相绕组正端
A–	电机A相绕组负端
B+	电机B相绕组正端
B–	电机B相绕组负端

③状态指示。

步进驱动器显示状态指示表如表4-4-3所示。

表4-4-3　步进驱动器显示状态指示表

闪烁次数	故障类型
1	过电流
2	电源电压过低
3	电源电压过高
4	相位出错
5	参数调谐与学习识别过程中出错
其他	硬件故障,具体类型供厂商识别

（2）控制信号接线。

①共阳极接法。

步进驱动器共阳极接法如图4-4-13所示。

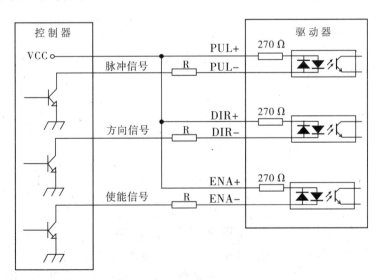

图4-4-13 步进驱动器共阳极接法

②共阴极接法。

步进驱动器共阴极接法如图4-4-14所示。

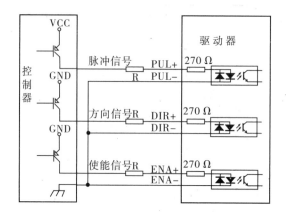

图4-4-14 步进驱动器共阴极接法

③差分接法。

步进驱动器差分典型接法如图4-4-15所示。

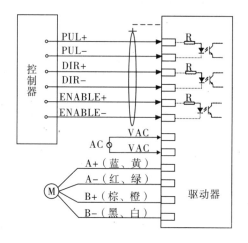

图4-4-15 步进驱动器差分典型接法

（3）控制时序。

步进驱动器控制时序图如图4-4-16所示。

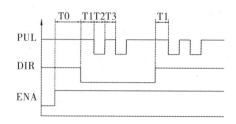

图4-4-16 步进驱动器控制时序图

T0：ENA（使能信号）应提前DIR至少5 ms，确定为高，通常ENA+和ENA-悬空。T1：DIR至少提前PUL下降沿3 μs。T2：脉冲宽度至少不小于1.0 μs。T3：低电平宽度不小于1.0 μs。

（4）电流、半流及细分的设定及参数自整定功能。

驱动器采用八位拨码开关设定细分精度、动态电流、静止半流以及实现电机参数学习与

PID整定。八位拨码开关详细描述如下：电流设定（Sw1～Sw3），半流设定（Sw4），细分设定（Sw5～Sw8），参数学习开关（Sw8）。

①电流的设定。

电流的设定根据步进电机的铭牌参数的额定电流，拨至相应的开度组合。步进驱动器电流设定表如表4-4-4所示。

表4-4-4 步进驱动器电流设定表

Peak	RMS	Sw1	Sw2	Sw3
1.4A	1.0A	off	off	off
2.1A	1.5A	on	off	off
2.7A	1.9A	off	on	off
3.2A	2.3A	on	on	off
3.8A	2.7A	off	off	on
4.3A	3.1A	on	off	on
4.9A	3.5A	off	on	on
5.6A	4.0A	on	on	on

②半流设定。

半流可用Sw4拨码开关设定，off表示电机静止电流设为运行电流的一半，on表示电机静止电流与运行电流相同。一般用途中应将Sw4设成off，使得电机和驱动器的发热减少，可靠性提高。脉冲串停止后约1秒（此值由软件可改）左右电流自动减至约一半，根据公式W=I2Rt，I为绕组电流R为绕组电阻，当进入半流后W=（0.5×I）2Rt=0.25×I2Rt，发热量理论上减少75%。

③细分设定。

当Sw5、Sw6、Sw7、Sw8都为on时，驱动器细分数由内部给定，内部给定值可通过RS232通信由上位软件修改，最小为1，最大为65535，内部给定值出厂默认为：4细分，即200pulse/Rev。步进驱动器细分设定如表4-4-5所示。

表4-4-5 步进驱动器细分设定

Pulse/rev	Sw5	Sw6	Sw7	Sw8
Soft Setting	on	on	on	on
400	off	on	on	on
800	on	off	on	on
1600	off	off	on	on
3200	on	on	off	on
6400	off	on	off	on
12800	on	off	off	on
25600	off	off	off	on
1000	on	on	on	off
2000	off	on	on	off
4000	on	off	on	off
5000	off	off	on	off
8000	on	on	off	off
10000	off	on	off	off
20000	on	off	off	off
25000	off	off	off	off

a."细分"是针对"步距角"而言的。没有细分状态,控制系统每发一个步进脉冲信号,步进电机就按照整步旋转一个特定的角度。步进电机的参数,都会给出一个步距角的值。如某型电机给出的值为0.9°/1.8°(表示半步工作时为0.9°、整步工作时为1.8°),这是步进电机固有步距角。通过步进电机驱动器设置的细分状态,步进电机将会按照细分的步距角旋转位移角度,从而实现更为精密的定位。以110BYG250A电机为例,列表4-4-6说明。

表4-4-6 细分的功能步距表

电机固有步距角	运行拍数	细分数	电机运行时的真正步距角
0.9°/1.8°	8	2细分,即半步状态	0.9°
	20	5细分状态	0.36°
	40	10细分状态	0.18°
	80	20细分状态	0.09°
	160	40细分状态	0.045°

b.细分就是步进电机按照微小的步距角旋转,也就是常说的微步距控制。当然,不同的场合,有不同的控制要求。并不是说,驱动步进电机必须要求细分。有些步进电机的步距角设计为3.6°、7.5°、15°、36°、180°,就是为了加大步距角,以适应特殊的工况条件。细分功能,只是由驱动器采用精确控制步进电机的相电流方法,与步进电机的步距角无关,而与步进电机实际工作状态相关。

c.运行拍数与驱动器细分的关系。运行拍数指步进电机运行时每转一个齿距所需的脉冲数。例如:110BYG250A电机有50个齿,如果运行拍数设置为160,那么步进电机旋转一圈总共需要 $50 \times 160 = 8000$ 步;对应步距角为 $360° \div 8000 = 0.045°$。这就是驱动器设置为40细分状态。对用户来说,没有必要去计算几步几拍,这是生产厂家配套的事情。用户只要知道:控制系统所发出的脉冲率数,除以细分数,就是步进电机整步运行的脉冲数。例如:步进电机的步距角为1.8°时,每秒钟200个脉冲,步进电机就能够在一秒钟内旋转一圈;当驱动器设置为40细分状态,步进电机每秒钟旋转一圈的脉冲数,就要给到8000个。

d.细分的优点。①步进电机驱动器采用细分功能,能够消除步进电机的低频共振(震荡)现象,减少振动,降低工作噪音。②利用细分方法,又能够提高步进电机的输出转矩。驱动器在细分状态下,提供给步进电机的电流显得"持续、强劲",极大地减少步进电机旋转时的反向电动势。③驱动器的细分功能,改善了步进电机工作的旋转位移分辨率。因此,步进电机的步距角,就没有必要做得更小。选择现有的常规标准步距角的步进电机,配置40细分以下的驱动器,就能够完成精密控制任务。由于步进电机步距角的原因,驱动器的细分数再加大,已经没有实际意义。通常,选择5、8、10、20细分,就能够适应各种工控要求。

④参数自整定功能。

若Sw8在1秒之内往返拨动一次,驱动器便可自动完成电机参数学习和PID参数整定;在新接或更新电机、电源供电电压条件发生变化时请重新学习参数,否则,电机可能运行效果不理想或甚至不正常运行。参数学习阶段,脉冲输入,及方向改变将无效。

参数学习方法:如果Sw8处于ON时将拨到OFF位置,然后用指甲在Sw8开关上,轻轻晃动两下,电动发出调谐声音,调完后红色LED将会亮一下,表示完成,如果未能触发,则把晃动的力度稍大些,直至触发成功。参数学习完成后,要恢复Sw8之前的状态。

(5)改变步进电动机运行方向。

可以采用三种方法来该变步进电机的旋转方向。①改变控制系统的方向信号,即高电平或低电平。②对于有两路脉冲输入的驱动器,改变脉冲的顺序。③调整步进电机其中一组线圈的两个线头位置,重新接入驱动器。具体方法如表4-4-7所示。

表4-4-7 调整线头位置换向方法表

电机接线方式	原来接线序列	换向后接线序列
两相四线	A,A′,B,B′	A′,A,B,B′或者A,A′,B′,B
三相三线	A,B,C	B,A,C或者A,C,B
三相六线	A,A′,B,B′,C,C′	B,B′,A,A′,C,C′或者A,A′,C,C′,B,B′
五相五线	A,B,C,D,E	E,D,C,B,A

2. 伺服电动机

伺服电动机是擅长高响应、高精度定位的电动机,可对旋转角度、旋转速度进行准确控制,应用于各种精密装置中。伺服电动机和伺服驱动器如图4-4-17所示。

图4-4-17 伺服电动机和伺服驱动器

1)伺服驱动器

伺服驱动器简单地说是用来控制伺服电机的一种控制器。其作用类似于变频器作用于普通交流电动机,属于伺服系统的一部分,主要应用于高精度的定位系统。伺服控制系统是通过位置、速度和力矩(电流)三种方式对伺服马达进行控制,实现高精度的传动系统定位,其组成有控制器、伺服驱动器、伺服电机(带编码器)如图4-4-8所示。

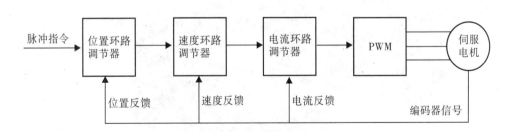

图4-4-18 伺服控制系统

2)伺服电动机结构原理和电气符号

伺服电动机自带编码器,用于伺服电动机的闭环控制,驱动器根据反馈值与目标值进行比较,调整转子转动的角度,伺服电动机的精度决定于编码器的精度(线数),图4-4-19为伺服电动机的结构图。

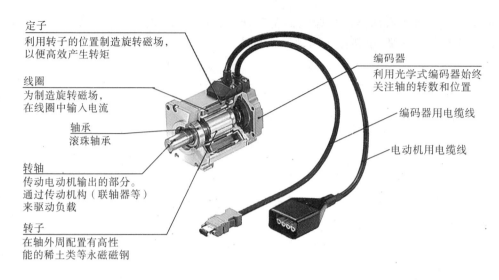

定子
利用转子的位置制造旋转磁场,
以便高效产生转矩

线圈
为制造旋转磁场,
在线圈中输入电流

轴承
滚珠轴承

转轴
传动电动机输出的部分。
通过传动机构(联轴器等)
来驱动负载

转子
在轴外周配置有高性
能的稀土类等永磁磁钢

编码器
利用光学式编码器始终
关注轴的转数和位置

编码器用电缆线

电动机用电缆线

图4-4-19 伺服电动机结构图

伺服电动机分为直流和交流伺服电动机两大类,其主要特点是,当信号电压为零时无自转现象,转速随着转矩的增加而匀速下降,图4-4-20为伺服电动机的电气符号。

图4-4-20 伺服电动机的电气符号

3. 搬运码垛机器人全自动生产线实例

搬运码垛工业机器人全自动生产线由组合机械抓手、自动托盘库系统、传送带、自动缠绕机、搬运机器人、系统控制柜组成。搬运码垛机器人全自动生产线如图4-4-21所示。

自动托盘系统

流水线

组合机械抓手

搬运机器人

图4-4-21 搬运码垛机器人全自动生产线

216

1)流水线控制要求

（1）组合机械抓手（见图4-4-22）：组合机械抓手集真空吸取机械抓手和抓取机械抓手于一体，同时满足多个工位不同产品的抓取。

吸盘 ←

抓钩 ←

图4-4-22 组合机械抓手

（2）自动托盘库系统（见图4-4-23）：自动托盘库由托盘输送机、码垛位输送机及码垛输送机构组成；自动托盘库系统接收上一级输送带的成品并在库内累积，通过伺服电机输出单个成品用于码垛。

图4-4-23 自动托盘库系统

（3）传送带（见图4-4-24）：便于成品输送、转弯以及和下一级工序对接，输送带有异步电动机驱动。

图4-4-24 输送带

（4）自动缠绕机（见图4-4-25）：自动缠绕机是机器人码把成品垛好后放在托盘上，通过膜架机构，将缠绕膜按照预设的阻拉伸或预拉伸裹绕到成品上；缠绕机是通过步进电机驱动托盘缠绕。

图4-4-25 自动缠绕机

（5）搬运工业机器人：工业机器人，安装在高架导轨上，其搬运重量在125～150 kg。IRB6650S_C机器人如图4-4-26所示。

图4-4-26 IRB6650S_C机器人

2）组合机械抓手执行电器选型

（1）电磁阀选型。

①机械抓手电磁阀由进气电磁阀、抓手控制电磁阀、真空发生器控制电磁阀组成；机械抓手进气电磁阀采用二位二通电磁阀，电磁阀供电采用24 V直流电源，表4-4-8为华通气动09系列二位二通电磁阀选型表，作为总的进气源，机械抓手进气电磁阀应该选择DC 24 V 3/4"常开型二位二通电磁阀，型号为0955405-24 V DC。

注意：二位二通电磁需要重点考虑的有两点：一是接管螺纹直接决定电磁阀的大小，二是配电用电磁阀线圈电压。

系统二位二通电磁阀选型表如表4-4-8所示。

表4-4-8　9系列二位二通电磁阀选型表

型号		通径（mm）	接管螺纹	配用电磁线圈	工作压力（MPa）	Kv值（m³/h）
常闭型	常开型					
0927000	0955105	8	G1/4	12 V DC 24 V DC 24 V AC 220 V AC	0.07～1.0	1.15
0927100	0955205	10	G3/8			1.7
0927200	0955305	12	G1/2			
0927300	0955405	20	G3/4			5.10
0927400	0955505	25	G1			5.35
0927500	0955605	32	G1 1/4		0.1～1.5	20.0
0927600	0955705	40	G1 1/2			25.0
0927700	0955805	50	G2			43.0

②抓手控制电磁阀用于控制组合机械爪手抓钩的动作，为了防止因为压缩空气或者停电造成抓手松开，抓手控制电磁阀采用三位五通电磁阀（也可采用二位五通电磁阀加储气罐），电磁阀供电采用24 V直流电源，表4-4-2为华通气动300系列二（三）位五通电磁阀选型表，为了保证气缸拥有组够的压力需要选择口径，机械抓手进气电磁阀可以选择4A3001010-DC24 V-LD1。

注意：二(三)位五通电磁需要重点考虑的有三点。一是电磁阀类型。二接管口径直接决定电磁阀的大小和导通能力。三是配电用电磁阀线圈电压。

300系列二(三)位五通电磁阀选型表如表4-4-9所示。

表4-4-9　300系列二(三)位五通电磁阀选型表

规格代码	4 V	二(三)位五通电磁阀
	4 A	二(三)位五通气控阀
	3 V	二位三通电磁阀
	3 A	二位三通气控阀
系列代码	300系列	
线圈及位数	10	单头双位置
	20	双头双位置
	30C	双头三位置封闭型
	30E	双头三位置排气型
	30P	双头三位置压力型
按管口径	08	1/4″
	10	3/8″
接管形式及初始状态	空白	管接式
	B	二(三)位五通板接式
	NC	二位三通常闭型
	NO	二位三通常开型
标准电压	DC 12 V、DC 24 V，AC 24 V、110 V、220 V、380 V，50 Hz/60 Hz	
接线形式	空白	标准端子
	LD	茶色带灯端子
	LD1	白色带灯端子
	W	引线式

③真空发生器控制电磁阀：真空发生器控制电磁一般选用二位三通的电磁阀，虽然二位二通的电磁也可以但是其破坏真空时会有较大的声音，三位五通电磁阀需要额外配备单向阀，从经济性角度不理想。300系列二位三通电磁阀真空应用如图4-4-27所示。

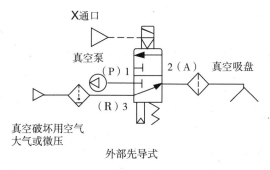

图4-4-27 300系列二位三通电磁阀真空应用

机械抓手真空发生器控制电磁阀采用24 V DC供电，其和真空发生其配套使用，接管口径管径和真空发生器管径一样，在机器人搬运码垛流水线机械抓手真空发生器控制电磁阀可以选择SMC VP系列二位三通外部先导型VP342R-5G02电磁阀，其可用于真空控制，如图4-4-18所示。

VP 系列二位三通电磁阀选型表如图 4-4-28 所示。

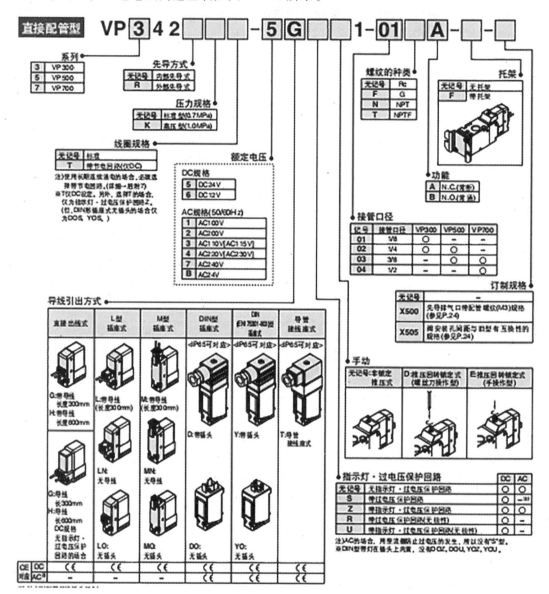

图 4-4-28 VP 系列二位三通电磁阀选型表

（2）气缸选型。

$$F = n \times S \times P \div 4 = n \times \pi \times D^2 \times P \div 4$$

式中，F：气缸伸出力理论值；

S：气缸截面积；

D：气缸直径；

P：压缩空气压力；

n：安全系数，水平转 n 取 0.7，垂直安装 n 取 0.5；

$F = M \div 9.8$，M 负载的重量（如果是垂直安装则额外需要加上气缸本身的重量）。

①组合机械抓手需要抓取的重量为 150 kg，供给的压缩空气 0.6 MPa，气缸水平安装，根据上面的公式计算得出气缸理论直径 $D = \sqrt{150 \times 4 \times 9.8/0.7/0.6/3.14} = 67$ mm，考虑给系统留有的余量可以选择 80 mm 的气缸，表 4-4-10 是 SMC 气缸的理论输出表，选择 80 mm 的气缸在气

压低至0.3 MPa也可以正常工作。

表4-4-10 JMB系列气缸理论力输出表

缸径(mm)	杆径(mm)	动作方向	受压面积(mm²)	使用压力（MPa）					
				0.2	0.3	0.4	0.5	0.6	0.7
32	10	OUT	804	161	241	322	402	483	563
		IN	726	145	218	290	363	435	508
40	14	OUT	1257	251	377	503	628	754	880
		IN	1103	221	331	441	551	662	772
45	14	OUT	1590	318	477	636	795	954	1113
		IN	1436	287	431	575	718	862	1006
50	18	OUT	1963	393	589	785	982	1178	1374
		IN	1709	342	513	684	855	1025	1196
56	18	OUT	2463	493	739	985	1232	1478	1724
		IN	2209	442	663	883	1104	1325	1546
63	18	OUT	3117	623	935	1247	1559	1870	2182
		IN	2863	573	859	1145	1431	1718	2004
67	18	OUT	3526	705	1058	1410	1763	2115	2468
		IN	3271	654	981	1308	1636	1963	2290
80	22	OUT	5027	1005	1508	2011	2513	3016	3519
		IN	4646	929	1394	1859	2323	2788	3252
85	22	OUT	5675	1135	1702	2270	2837	3405	3972
		IN	5294	1059	1588	2118	2647	3177	3706
100	26	OUT	7854	1571	2356	3142	3927	4712	5498
		IN	7323	1465	2197	2929	3662	4394	5126

②组合机械抓手动作的行程最大为62 mm（机械设计时给出），对照表4-4-11为JMB系列气缸标准行程表，组合机械抓手气缸行程选择75 mm。

表4-4-11 JMB系列气缸标准行程表

缸径(mm)	标准行程(mm)	可制作最大行程
32	25、50、75、100、125、150、175、200、250、300	300
40	25、50、75、100、125、150、175、200、250、300	300
45	25、50、75、100、125、150、175、200、250、300	300
50	25、50、75、100、125、150、175、200、250、300、350、400	400
56	25、50、75、100、125、150、175、200、250、300、350、400	400
63	25、50、75、100、125、150、175、200、250、300、350、400	400
67	25、50、75、100、125、150、175、200、250、300、350、400	400
80	25、50、75、100、125、150、175、200、250、300、350、400、450、500	500
85	25、50、75、100、125、150、175、200、250、300、350、400、450、500	500
100	25、50、75、100、125、150、175、200、250、300、350、400、450、500	500

③表4-4-12为SMC JMB系列气缸的规格参数,80 mm的气缸对应连接口径见表4-4-11。根据机器人组合机械抓手控制需要,选择带磁性开关(此处磁性开关的选择不做介绍),可以选择气缸的型号为JMDB32-75-MB9W。

表4-4-12　JMB系列气缸规格参数

缸径(mm)	32	40	45	50	56	63	67	80	85	100
动作方式	单杆双作用									
使用流体	空气									
保证耐压力	1.0 MPa									
最高使用压力	0.7 MPa*[1]									
最低使用压力	0.05 MPa									
环境温度及使用流体温度	5～60 ℃									
给油	无需(不给油)									
使用活塞速度*	50～500 mm/s*[1]									
行程长度允差	$^{+2.0}_{0}$									
缓冲	气缓冲不可调+垫缓冲									
连接口径(Rc、NPT、G)	1/8						1/4			3/8
安装形式	基本型									

注意:气缸选型需要重点考虑的有四点,一是气缸内径,二是气缸行程大小,三是安装形式,四是气缸的速度。

(3)真空发生器和吸盘选型。

①真空发生器的选型需要最大吸入量和抽气速度,喷嘴越大抽气速度和吸入量越大,产生的真空吸力越大,表4-4-13为SMC ZH系列真空发生器规格,考虑气管的通用性和经济型,真空发生器型号为ZH10DSA。

表4-4-13　ZH系列真空发生器规格参数表

型号	喷嘴口径(mm)	最大真空压力(KPa)		最大吸入流量(L/min(ANR))		空气消耗量(L/min(ANR))	质量(g)
		S形	L形	S形	L形		
ZH05D□A	0.5			6	13	13	5.0
ZH07D□A	0.7		-48	12	28	27	5.2
ZH10D□A	1.0			26	52	52	6.1
ZH13D□A	1.3	-90		40	78	84	12.4
ZH15D□A	1.5			58	78	113	13.4
ZH18D□A	1.8		-66	76	128	162	22.2
ZH20D□A	2.0			90	155	196	23.3

②吸盘吸力怎么计算。保守的计算方式是:(半径)的平方(CM)等于多少,吸力就是几公斤;机器人搬运的重量为150 kg来计算,吸盘的面积为,换算出吸盘的直径为48 mm,表4-4-14是ZP系列大吸盘理论吸吊参数 Φ50是合适的,吸盘的型号为ZP3-50。

表 4-4-14　ZP 系列吸盘理论吸吊参数

理论吸吊力(理论吸吊力=P×S×0.1)　[N]

吸盘直径(mm)		φ32	φ40	φ50	φ63	φ80	φ100	φ125
S:吸盘面积(cm²)		8.04	12.56	19.63	31.16	50.24	78.50	122.66
真空压力〔kPa〕	−85	68.3	107	167	265	427	667	1043
	−80	64.3	100	157	249	402	628	981
	−75	60.3	94.2	147	234	377	589	920
	−70	56.3	87.9	137	218	352	550	859
	−65	52.2	81.6	128	203	327	510	797
	−60	48.2	75.4	118	187	301	471	736
	−55	44.2	69.1	108	171	276	432	675
	−50	40.2	62.8	98.1	156	251	393	613
	−45	36.2	56.5	88.3	140	226	353	552
	−40	32.2	50.2	78.5	125	201	314	491

2)自动托盘系统伺服电机选型

机器人搬运码垛流水线自动托盘系统采用电动机升降装置,临时存储流水线上的工件,并按照工业机器人码垛空闲需求吐出工件的系统,该系统采对升降距离要求较高,因此采用伺服电动机。伺服电机选择需要注意电机的额定扭矩,表 4-4-15 为施耐德 BSH 系列伺服电动机技术数据表,机器人搬运码垛流水线升降系统需要 47Nm 扭矩,参照技术数据表选择 BMH-230 伺服电动机,伺服驱动器选择 LXM32A 交流伺服驱动器。

注意:伺服电动机和伺服驱动器是相匹配的,同一系列的伺服电动机可以选择相同的伺服驱动器。

BSH 系列伺服电动机技术数据如表 4-4-15 所示。

表 4-4-15　BSH 系列伺服电动机技术数据

电机型号			BMH2051	BMH2052	BMH2053
绕组			P	P	P
常规技术数据					
恒定静转矩 [1]	M_0 [2]	Nm	34.4	62.5	88
最大转矩	M_{max}	Nm	110	220	330
电源电压 U_n=115 V_{ac} [1]					
额定转速	n_N	min⁻¹	750	500	375
额定转矩	M_N	Nm	31.40	57.90	80.30
额定电流	I_N	A_{rms}	19.6	22.4	23.6
额定功率	P_N	kW	2.47	3.03	3.23
电源电压 U_n=230 V_{ac} [1]					
额定转速	n_N	min⁻¹	1500	1000	750
额定转矩	M_N	Nm	28.20	51.70	75.60
额定电流	I_N	A_{rms}	17.6	20.0	23.0
额定功率	P_N	kW	4.43	5.41	5.94
电源电压 U_n=400 V_{ac} [1]					
额定转速	n_N	min⁻¹	3000	2000	1500
额定转矩	M_N	Nm	21	34	58.7
额定电流	I_N	A_{rms}	13.1	13.2	18.5
额定功率	P_N	kW	6.60	7.12	9.22

3）自动缠绕机步进电机选型

机器人搬运码垛流水线自动缠绕机需要开机、停机的重复性好，精度高，输出力矩稳定，考虑经济性采用步进电动机作为驱动，如图4-4-29所示。

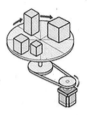

图4-4-29 步进电动机控制转盘示意图

步进电机选择需要注意电机的额定扭矩，表4-4-16为东方马达RKⅡ系列步进电动机技术数据表，机器人搬运码垛流水线自动缠绕机需要提供32 N·m扭矩，参照技术数据表选择单轴RKⅡPS减速机型-90或者单轴RKⅡ谐波减速机型-90伺服电动机，输入电压200～240 V，基本步距角0.0072°，最大扭矩55 N·m；伺服驱动器选择RKⅡ系列步进驱动器。

RKⅡ系列步进电动机选型表如表4-4-16所示。

表4-4-16　RKⅡ系列步进电动机选型表

类型		安装尺寸 (mm)	基本步距角 (°)	保持转矩 (N·m)	电磁制动
标准型		42	0.72	0.14~0.27	无
					有
		60		0.52~1.77	无
					有
		85		2.1~6.3	无
					有
标准型带编码器		42	0.72	0.14~0.27	无
		60		0.52~1.77	无
		85		2.1~6.3	无
小齿隙	TS减速机型（直齿轮机构）	42	0.024～0.2	0.5~2.3	无
					有
		60		1.8~6	无
					有
		90		6~25	无
					有
	PS减速机型（行星齿轮机构）	42	0.0144～0.144	1~3	无
					有
		60		3.5~8	无
					有
		90		14~37	无
					有
无齿隙	谐波减速机型（谐波驱动）	42	0.0072～0.0144	3.5~5	无
					有
		60		7~10	无
					有
		90		33~52	无
					有

注意:步进电动机和步进驱动器是相匹配的,同一系列的步进电动机可以选择相同的步进驱动器;另外步进电动机需要带电磁制动,如果没有电磁制动,在停电的状态下,电动机自我保持力消失,电动机控制的设备变得非常活动,存在安全隐患,这点在垂直设备驱动方面尤为重要。

步进电动机控制转盘具体型号如表4-4-17所示。

表4-4-17 步进电动机控制转盘具体型号

产品名称	安装尺寸	型	轴型	电磁制动	电缆线	励磁最大静止转矩	减速比	基本步矩角	电源输入电压	额定电流
	全选 ∨	全选 ∨	单轴 ∨	有 ∨	1m ∨	52 N·m∨	全选 ∨	全选 ∨	单相20∨	全选 ∨
RKS596MCD-HS100-1	90 mm	谐波减速机型	单轴	有	1 m	52 N·m	100	0.0072°	单相200~240 V	0.75 A/相

4)流水线异步电动机选型

机器人搬运码垛流水线驱动,输出力矩稳定,考虑经济性采用感应电动机+变频器作为驱动系统,系统需要7.5 kW的电动机作为输送带的动力,供电电压为380 V,变频器采用与电机功率相匹配的7.5 kW交流变频器。

三、任务实施

1.任务说明

工业机器人工作站模拟变位机调试控制任务具体流程如下:①按下启动按钮后,系统保持启动状态,步进驱动器为正转状态;②系统进入启动状态后,有2个电磁继电器组成的脉冲发生器持续产生脉冲,步进电机可以开始转动;③电磁继电器生成的脉冲接入脉冲计数器中,实施显示脉冲数,当达到预定的值后步进电机停止。

本任务要求根据工业机器人工作站升降机控制电气原理图,首先明确系统控制原理和控制方式,根据控制系统中的控制元件组成表,将图4-2-30电气原理图转换为实物接线,并在元件配盘上安装其他的电器元件,安装线槽,选择电缆接线、走线;最后经测试后送电验证工业机器人工作站模拟变位机调试控制功能。控制系统使用一台步进电动机和步进驱动控制的方法。

1)工业机器人末端执行器控制电气原理图

工业机器人末端执行器控制电气原理图如图4-4-30所示。

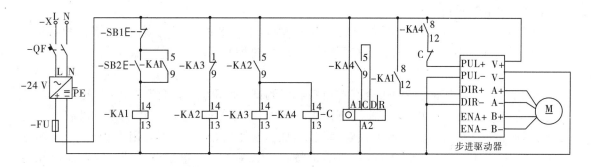

图4-4-30 模拟变位机调试电气原理图

2）工业机器人工作站模拟变位机调试控制元件组成表

工业机器人工作站模拟变位机调试控制元件组成表如表4-4-18所示。

表4-4-18 工业机器人工作站模拟变位机调试控制元件组成表

元件名称	数量	规格型号	备注
步进电动机	1台	24 V、0.8 kW、1 A	
低压断路器	1个	2 A、2极	或采用漏电保护断路器
开关电源	1个	100 W	
电磁继电器	4个	直流线圈24 V DC、8脚	带底座
计数继电器	1个	直流24 V、8脚	带底座
启动按钮	1个	绿色按钮，自复位—常开型、Φ22	使用按钮盒安装
停止按钮	1个	黑色自复位—常闭型平头按钮、Φ22	使用按钮盒安装
低压熔断器	1个	3 A、圆筒形帽熔断器	带熔断器底座

说明：如果没有步进电动机和步进驱动器，可以采用图4-4-31所示的简化电气原理图进行实物搭建。

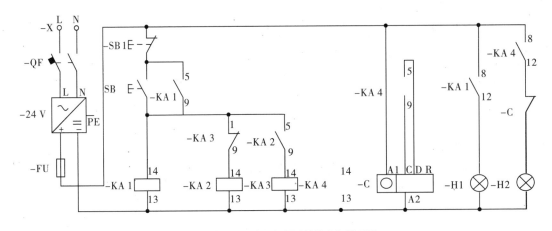

图4-4-31 模拟变位机调试简化电气原理图

2. 任务实施步骤

（1）根据图4-2-30，读懂电气原理图，条理清晰地描述并列出系统控制的控制过程，注意描述系统控制2电磁继电器自生成脉冲控制、步进驱动器控制、计数器自动停机控制。

（2）搭建电气实物。

搭建流程：①选择合适的电器安装工具，在配盘上安装固定好电器元件、线槽和DIN导轨；②根据电气原理图选择合适的电器接线工具，搭建控制回路。

（3）系统顺序控制功能验证。

验证流程：①低压断路器QF合闸前设备状态测试，使用万用表交流750 V测量三相电源的电压是否为220～240 V之间，使用万用表的通断档测试开关电源的正负极有没有短路的故障；②调整好2个时间继电器的设定时间，给低压断路器合闸，使用万用表直流200 V测量开关电源输出电压是否为24 V；③按下启动按钮SB2，观察2个电磁继电器KA2和KA3能否产生脉冲（可以听到2个电磁继电器的触点不断的吸合与断开的声音）；④观察计数继电器的计数值是否在增加，步进电动机在转动；⑤计数值到达步进电机设定的一圈的脉冲数后，

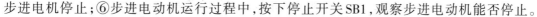

步进电机停止;⑥步进电动机运行过程中,按下停止开关SB1,观察步进电动机能否停止。

3. 任务目标

本任务的目标有:①2电磁继电器自生成脉冲控制、步进驱动器控制、计数器自动停机控制描述正确;②实物接线正确,系统所有功能验证正确。

四、任务拓展

1. 伺服电动机和步进电动机的区别

步进电机是一种离散运动的装置。它和现代数字控制技术有着本质的联系。在目前国内的数字控制系统中,步进电机的应用十分广泛。随着全数字式交流伺服系统的出现,交流伺服电机也越来越多地应用于数字控制系统中。为了适应数字控制的发展趋势,运动控制系统中大多采用步进电机或全数字式交流伺服电机作为执行电动机。虽然两者在控制方式上相似(脉冲串和方向信号),但在使用性能和应用场合上存在着较大的差异。现就两者的使用性能做比较。

1)控制精度不同

两相混合式步进电机步距角一般为3.6°、1.8°,五相混合式步进电机步距角一般为0.72°、0.36°。也有一些高性能的步进电机步距角更小。如四通公司生产的一种用于慢走丝机床的步进电机,其步距角为0.09°;德国百格拉公司(BERGER LAHR)生产的三相混合式步进电机其步距角可通过拨码开关设置为1.8°、0.9°、0.72°、0.36°、0.18°、0.09°、0.072°、0.036°,兼容了两相和五相混合式步进电机的步距角。

交流伺服电机的控制精度由电机轴后端的旋转编码器保证。以松下全数字式交流伺服电机为例,对带标准2500线编码器的电机而言,由于驱动器内部采用了四倍频技术,其脉冲当量为360°/10000=0.036°。对带17位编码器的电机而言,驱动器每接收217=131072个脉冲电机转一圈,即其脉冲当量为360°/131072=9.89秒,是步距角为1.8°的步进电机的脉冲当量的1/655。

2)低频特性不同

步进电机在低速时易出现低频振动现象。振动频率与负载情况和驱动器性能有关,一般认为振动频率为电机空载起跳频率的一半。这种由步进电机的工作原理所决定的低频振动现象对于机器的正常运转非常不利。当步进电机工作在低速时,一般应采用阻尼技术来克服低频振动现象,比如在电机上加阻尼器,或驱动器上采用细分技术等。

交流伺服电机运转非常平稳,即使在低速时也不会出现振动现象。交流伺服系统具有共振抑制功能,可涵盖机械的刚性不足,并且系统内部具有频率解析机能(FFT),可检测出机械的共振点,便于系统调整。

3)矩频特性不同

步进电机的输出力矩随转速升高而下降,且在较高转速时会急剧下降,所以其最高工作转速一般在300～600RPM。交流伺服电机为恒力矩输出,即在其额定转速(一般为2000RPM或3000RPM)以内,都能输出额定转矩,在额定转速以上为恒功率输出。

4)过载能力不同

步进电机一般不具有过载能力。交流伺服电机具有较强的过载能力。以松下交流伺服系统为例,它具有速度过载和转矩过载能力。其最大转矩为额定转矩的三倍,可用于克服惯性负载在启动瞬间的惯性力矩。步进电机因为没有这种过载能力,在选型时为了克服这种惯性力矩,往往需要选取较大转矩的电机,而机器在正常工作期间又不需要那么大的转矩,便出现了力矩浪费的现象。

5)运行性能不同

步进电机的控制为开环控制,启动频率过高或负载过大易出现丢步或堵转的现象,停止时转速过高易出现过冲的现象,所以为保证其控制精度,应处理好升、降速问题。交流伺服驱动系统为闭环控制,驱动器可直接对电机编码器反馈信号进行采样,内部构成位置环和速度环,一般不会出现步进电机的丢步或过冲的现象,控制性能更为可靠。

6)速度响应性能不同

步进电机从静止加速到工作转速(一般为每分钟几百转)需要200～400毫秒。交流伺服系统的加速性能较好,以松下 MSMA 400 W 交流伺服电机为例,从静止加速到其额定转速3000 RPM 仅需几毫秒,可用于要求快速启停的控制场合。

总结:交流伺服系统在许多性能方面都优于步进电机。但在一些要求不高的场合也经常用步进电机来做执行电动机。所以,在控制系统的设计过程中要综合考虑控制要求、成本等多方面的因素,选用适当的控制电机。

2. 思考与练习

在图4-4-30的基础上,实现步进电动机反转控制。

附件1 双重启停控制

一、双重启停控制任务书

实践任务	双重启停控制
实践目的	1.熟悉控制电路的基本原理和实现方法； 2.掌握电气线路连接的基本操作方法和电工工艺规范； 3.熟悉常见电气元件及电工耗材的选用标准； 4.理解自锁电路、按钮、电磁继电器、基本功能和使用方法
实践要求	1.完成本任务配电控制电路设计电路相关电气元件的安装固定,同时完成相关线缆的连接； 2.实现通过按钮控制白炽灯亮和灭的功能； 3.负载要求有完善的短路、过载保护系统； 4.不可带电操作,经指导老师确认方可通电测试
实践设备工具	1.电气安装板,专用电工工具一套； 2.按钮3个、急停按钮1个、断路器2个、熔断器1个,直流24V开关电源1个、中间继电器导线若干

1.工艺说明

本任务电气控制电路由3个按钮、1个急停开关、白炽灯、熔断器、断路器及继电器组成,由2个按钮和继电器组成自锁回路,控制白炽灯所在回路的通断,急停按钮作为紧急停止使用,断路器作为白炽灯所在回路的过载和短路保护,采用白炽灯的亮和灭来反馈结果。任务的电气原理图如附图1-1所示。

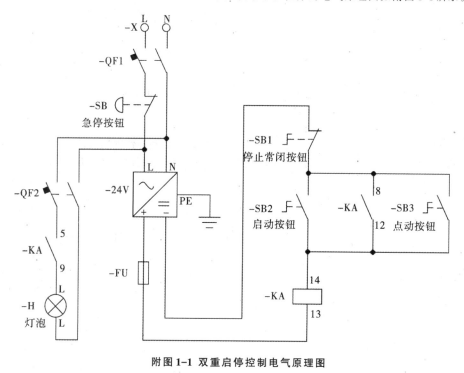

附图1-1 双重启停控制电气原理图

如附图1-2所示安装3个按钮和急停开关到按钮盒上；安装白炽灯；结合电气原理图完成上述元件间的电气连接。经指导老师确认安全后进行配电控制电路功能测试。

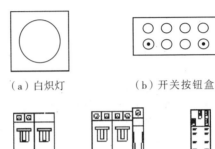

（a）白炽灯　　　　　（b）开关按钮盒

（c）漏电保护断路器　（d）断路器 熔断器　（e）中间继电器

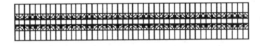

（f）接线端子排

附图1-2 电气元件安装示意图

2.本任务要求实现以下目标

（1）任务相关元件安装牢靠、合理，连接元件间的导线走线美观、规范，电气连接牢固可靠，电工工具使用规范；电路连接正确，无短路、断路、错接漏接发生。

（2）要求实现使用按钮控制白炽灯亮和灭的功能。

（3）具体如下：①接通系统电源后，按钮SB3按下后，白炽灯点亮，松开按钮SB3白炽灯熄灭；②按钮SB2按下，系统供电接通白炽灯点亮，直至按钮SB1按下，白炽灯熄灭；③急停按钮按下，系统断电白炽灯熄灭。

二、双重启停控制任务完成报告

姓名		任务名称	
班级		小组成员	
日期		角色分工	

任务内容
(1)完成双重启停控制任务的电器元件安装、接线。
(2)双重启停控制任务的功能完成正确。

		任务评价				
序号	评价指标	评价内容	分值	学生自评	小组互评	教师点评
1	功能验证	能正确描述系统自锁控制功能	10			
		系统功能验证正确	20			
2	元件安装	能正确安装所有电气元件	20			
		元件安装规范、美观	20			
3	实物接线	电器元件连接正确	10			
		实物接线规范、美观	10			
4	安全文明	工具与仪表使用正确	5			
		穿戴工作服	5			
		总分	100			
问题记录和解决方法	记录任务实施中出现的问题和采取的解决方法					

附件2 彩灯控制系统

一、彩灯控制系统任务书

实践任务	彩灯控制系统设计控制
实践目的	(1)熟悉彩灯控制系统设计电路的基本原理和实现方法; (2)掌握电气线路连接的基本操作方法和电工工艺规范; (3)熟悉常见电气元件及电工耗材的选用标准; (4)理解继电器逻辑电路、计数器、定时器的基本使用方法。
实践要求	(1)完成本任务彩灯控制系统设计控制电路相关电气元件的安装固定,同时完成相关线缆的连接; (2)实现通过延时继电器和中间继电器组合控制指示灯循环亮2 s的功能; (3)不可带电操作,经指导老师确认方可通电测试。
实践设备工具	(1)电气安装板,专用电工工具一套; (2)按钮2个、DC24 V中间继电器14个、指示灯6个、通电延时继电器2个、直流24 V开关电源1个、导线若干。

1.工艺说明

本任务电气控制电路由2个按钮、6个指示灯、2个通电延时继电器和14个继电器组成,通过延时继电器和中间继电器组合控制6个灯依次循环亮并延时灭的功能;采用指示灯反馈结果。本任务难点在于自锁回路、互锁回路以及排列组合的灵活运用。任务的电气原理图如附图2-1所示。

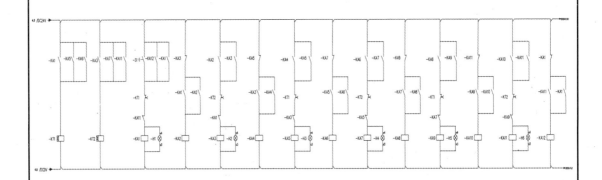

附图2-1 彩灯控制系统设计控制电气控制电路电气原理图

如附图2-2所示安装六个指示灯和两个按钮到按钮盒上;结合电气原理图完成上述元件间的电气连接。经指导老师确认安全后进行彩灯控制系统设计控制功能测试。

(a)开关按钮盒

(b)中间继电器

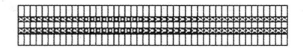

(c)接线端子排

附图2-2 电气元件安装示意图

2.本任务要求实现以下目标

任务相关元件安装牢靠、合理,连接元件间的导线走线美观、规范,电气连接牢固可靠,电工工具使用规范;电路连接正确,无短路、断路、错接漏接发生。

(1)要求实现彩灯控制系统设计控制功能。

(2)接通系统电源后,启动按钮S1按下,彩灯控制系统设计的6个指示灯依次点亮,每次只有一个灯保持点亮,后一个灯点亮后前一个灯熄灭。

(3)彩灯控制系统设计点亮间隔时间位2 s。

(4)当停止按钮S2按下,彩灯控制系统设计停止流动点亮,所有灯熄灭。

二、彩灯控制系统任务完成报告

姓名		任务名称	
班级		小组成员	
日期		角色分工	

任务内容
1.完成才能控制系统任务的电器元件安装、接线。
2.正确完成彩灯控制系统任务的功能。

任务评价

序号	评价指标	评价内容	分值	学生自评	小组互评	教师点评
1	功能验证	能正确描述系统顺序控制功能	10			
		系统功能验证正确	20			
2	元件安装	能正确安装所有电气元件	20			
		元件安装规范、美观	20			
3	实物接线	电器元件连接正确	10			
		实物接线规范、美观	10			
4	安全文明	工具与仪表使用正确	5			
		穿戴工作服	5			
	总分		100			
问题记录和解决方法	记录任务实施中出现的问题和采取的解决方法					

附件3 计数继电器应用控制

一、计数继电器应用控制任务书

实践任务	计数器应用控制
实践目的	(1)熟悉急停按钮、计数器、指示灯的基本结构、功能、使用方法; (2)掌握电气线路连接的基本操作方法和电工工艺规范; (3)熟悉常见电气元件及电工耗材的选用标准; (4)理解计数器的控制原理
实践要求	(1)完成本任务计数器简单应用控制电路相关电气元件的安装固定,同时完成相关线缆的连接; (2)实现通过按急停按钮10次之后指示灯亮的功能,继续按按钮灯保持常亮,计数器LED上显示已按的次数; (3)不可带电操作,经指导老师确认方可通电测试
实践设备工具	(1)电气安装板; (2)专用电工工具一套; (3)急停按钮1个、DC24 V计数器器1个、DC24 V指示灯1个、直流24 V开关电源1个、导线若干

1.工艺说明

本任务电气控制电路由1个急停按钮和计数器组成的计数控制回路,由指示灯和计数器常开触点组成结果反馈电路。通过急停按钮给计数器发送脉冲,达到设定的10次之后计数器常开触点闭合从而接通指示灯所在的电路实现控制灯亮的功能。任务的电气原理图如附图3-1所示。

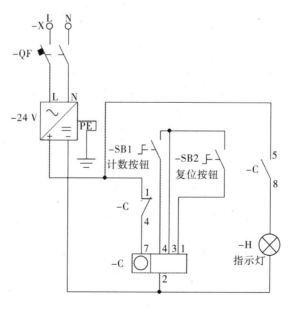

附图3-1 计数器简单应用控制电气原理图

如附图3-2所示急停按钮及指示灯接到按钮盒上;结合电气原理图完成上述元件间的电气连接。经指导老师确认安全后进行计数器设置和通过按压急停按钮10次之后灯亮的功能测试。

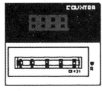

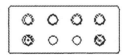

（a）电子计数器　　　　　　　　　（b）开关按钮盒

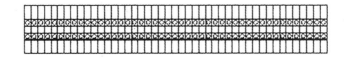

（c）接线端子排

附图3-2 电气元件安装示意图

2.本任务要求实现以下目标

（1）任务相关元件安装牢靠、合理,连接元件间的导线走线美观、规范,电气连接牢固可靠,电工工具使用规范;电路连接正确,无短路、断路、错接漏接发生。

（2）要求实现使用按钮对按压急停按钮实现下列控制功能:接通系统电源后,设置计数器计数值为10圈;当急停按钮被按下,计数器计数并在计数器LED上显示已计的数据;连续按下急停按钮直至计数器LED上显示10,此时指示灯H1亮;继续按急停按钮指示灯仍然保持常亮,计数器LED上显示已按的次数。

二、计数继电器应用控制任务完成报告

姓名		任务名称	
班级		小组成员	
日期		角色分工	

任务内容
1.完成才能控制系统任务的电器元件安装、接线。
2.正确完成计数继电器控制系统任务的功能。

任务评价							
序号	评价指标	评价内容	分值	学生自评	小组互评	教师点评
1	功能验证	能正确描述系统顺序控制功能	10			
		系统功能验证正确	20			
2	元件安装	能正确安装所有电气元件	20			
		元件安装规范、美观	20			
3	实物接线	电器元件连接正确	10			
		实物接线规范、美观	10			
4	安全文明	工具与仪表使用正确	5			
		穿戴工作服	5			
	总分		100			
问题记录和解决方法	记录任务实施中出现的问题和采取的解决方法					

一、产品检测信号应用控制任务书

实践任务	产品检测信号应用控制
实践目的	(1)熟悉中间继电器、接近传感器、指示灯、蜂鸣器的基本结构、功能、使用方法; (2)掌握电气线路连接的基本操作方法和电工工艺规范; (3)熟悉常见电气元件及电工耗材的选用标准; (4)理解产品检测信号应用的控制原理
实践要求	(1)完成本任务产品检测信号应用控制电路相关电气元件的安装固定,同时完成相关线缆的连接; (2)实现通过传感器检测产品形成的组信号对相应电器元件的控制; (3)不可带电操作,经指导老师确认方可通电测试
实践设备工具	(1)电气安装板,专用电工工具一套; (2)接近传感器3个、中间继电器3个、蜂鸣器1个、DC24 V指示灯3个、直流24 V开关电源1个、导线若干

1.工艺说明

本任务电气控制电路由3个接近开关传感器、3个继电器、3个指示灯和1个蜂鸣器组成;通过3个传感器的感应状态控制相应继电器线圈的通电状态,进而通过3个继电器触点形成的组合来控制指示灯以及蜂鸣器线路的通断,采用指示灯和蜂鸣器来反馈结果。任务的电气原理图如附图4-1所示。

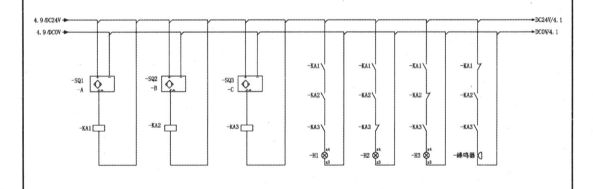

附图4-1 产品检测信号应用控制电气控制电路电气原理图

如附图4-2所示安装3个指示灯和1个蜂鸣器到按钮盒上；安装3个接近开关传感器；结合电气原理图完成上述元件间的电气连接。经指导老师确认安全后进行传感器调试和产品检测信号应用控制功能测试。

（a）开关按钮盒

（b）中间继电器　　　　（c）接近开关

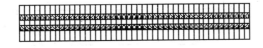

（d）接线端子排

附图4-2　电气元件安装示意图

2.本任务要求实现以下目标

任务相关元件安装牢靠、合理，连接元件间的导线走线美观、规范，电气连接牢固可靠，电工工具使用规范；电路连接正确，无短路、断路、错接漏接发生；调试接近开关有效检测物料。

要求实现通过传感器检测产品形成的组信号对相应电器元件的控制功能：

（1）当A、B、C接近传感器均被触发，红色指示灯H1点亮；

（2）当A、B接近传感器被触发，C接近传感器未被触发，绿色指示灯H2点亮；

（3）当A、C接近传感器被触发，B接近传感器未被触发，黄色指示灯H3点亮；

（4）当B、C接近传感器被触发，A接近传感器未被触发，蜂鸣器HA响；

（5）当A、B、C接近传感器均未被触发，灯和蜂鸣器均不动作。

二、产品检测信号应用控制任务完成报告

姓名		任务名称	
班级		小组成员	
日期		角色分工	

任务内容
1.完成产品检测信号应用控制系统任务的电器元件安装、接线。
2.正确完成产品检测信号应用控制系统任务的功能。

		任务评价				
序号	评价指标	评价内容	分值	学生自评	小组互评	教师点评
1	功能验证	能正确描述系统产品检测信号应用控制功能	10			
		系统功能验证正确	20			
2	元件安装	能正确安装所有电气元件	20			
		元件安装规范、美观	20			
3	实物接线	电器元件连接正确	10			
		实物接线规范、美观	10			
4	安全文明	工具与仪表使用正确	5			
		穿戴工作服	5			
总分			100			
问题记录和解决方法	记录任务实施中出现的问题和采取的解决方法					

一、楼道灯两地双控任务书

实践任务	楼道灯两地双控
任务来源	《工业机器人现场编程与调试实践》实践任务库
实践目的	(1)熟悉异地双控电路的基本原理和实现方法; (2)掌握电气线路连接的基本操作方法和电工工艺规范; (3)熟悉常见电气元件及电工耗材的选用标准; (4)理解电气电路基本原理
实践要求	(1)完成本任务楼道灯两地双控电路相关电气元件的安装固定,同时完成相关线缆的连接; (2)实现通过异地按钮组合控制白炽灯的亮灭的功能; (3)不可带电操作,经指导老师确认方可通电测试
实践设备工具	(1)电气安装板; (2)专用电工工具一套; (3)急停按钮2个、220 V白炽灯、直流24 V开关电源1个、导线若干

1.工艺说明

楼道灯两地双控原理说明如下。

本任务电气控制电路由2个急停按钮、2个中间继电器组成低压控制电路,由继电器触点和白炽灯组成高压被控电路;通过急停按钮控制继电器线圈的得失电,然后通过两个继电器的常开常闭触点的组合来控制白炽灯所在电路的通断进而控制白炽灯的亮灭。从而达到两个按钮组合控制灯亮和灭的目的。任务的电气原理图如附图5-1所示。

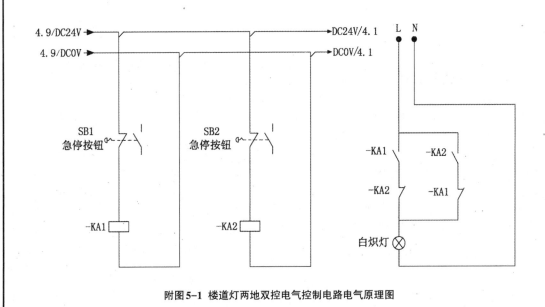

附图5-1 楼道灯两地双控电气控制电路电气原理图

如附图 5-2 所示安装两个急停开关到按钮盒上；安装白炽灯，结合电气原理图完成上述元件间的电气连接。经指导老师确认安全后进行楼道灯两地双控功能测试。

（a）开关按钮盒

（b）中间继电器

（c）白炽灯

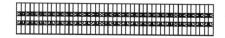

（d）接线端子排

附图5-2　电气元件安装示意图

2.本任务要求实现以下目标

（1）任务相关元件安装牢靠、合理，连接元件间的导线走线美观、规范，电气连接牢固可靠，电工工具使用规范；电路连接正确，无短路、断路、错接漏接发生。

（2）要求实现使用急停按钮对白炽灯的控制功能。

（3）接通系统电源后，当灯处于熄灭状态，在楼上时按下SB1急停按钮，楼道灯点亮，到达楼下按下SB2急停按钮灯熄灭。

（4）当灯处于熄灭状态，在楼下时按下SB2急停按钮，楼道灯点亮，到达楼上按下SB1急停按钮灯熄灭。

（5）在楼上和楼下分别可以实现对楼道灯的单独控制。

二、楼道灯两地双控任务完成报告

姓名		任务名称	
班级		小组成员	
日期		角色分工	

任务内容
1.完成楼道灯两地双控控制系统任务的电器元件安装、接线。
2.正确完成楼道灯两地双控控制系统任务的功能。

任务评价							
序号	评价指标	评价内容	分值	学生自评	小组互评	教师点评
1	功能验证	能正确描述楼道灯两地双控控制功能	10			
		系统功能验证正确	20			
2	元件安装	能正确安装所有电气元件	20			
		元件安装规范、美观	20			
3	实物接线	电器元件连接正确	10			
		实物接线规范、美观	10			
4	安全文明	工具与仪表使用正确	5			
		穿戴工作服	5			
	总分		100			
问题记录和解决方法	记录任务实施中出现的问题和采取的解决方法					

一、感应门铃控制任务书

实践任务	感应门铃控制
实践目的	（1）熟悉光栅的基本原理和实现方法； （2）掌握电气线路连接的基本操作方法和电工工艺规范； （3）熟悉常见电气元件及电工耗材的选用标准； （4）理解感应门铃的基本功能和实现方法
实践要求	（1）完成本任务感应门铃控制电路相关电气元件的安装固定，同时完成相关线缆的连接； （2）实现通过传感器检测有没有人进入来控制门铃响的功能； （3）不可带电操作，经指导老师确认方可通电测试
实践设备工具	（1）电气安装板； （2）专用电工工具一套； （3）断路器2个、直流24 V开关电源1个、对射光电1对，指示灯1个、中间继电器1个、时间继电器1个、带蜂鸣器报警灯导线若干

1.工艺说明

光电开关工作原理说明如下。

光电开关又称光电传感器,传感器分漫反射型、反馈反射型、对射型,传感器与PLC可编程控制器、单片机、非门电路、电子计数器、固态继电器、小型继电器等产品配套磁用。发射型对准目标不间断发射光束,接收器把收到的光能量转换为电流传输给后面的检测线路。它能滤出有效信号和应用该信号。

对射型光电传感器由投光器和受光器组成,结构上两者上相互分离的,识别不透明的反光物体;有效距离大,因为光束跨越感应距离的时间仅一次;不易受干扰;装置的消费高,两个单元必须设电缆。

对射型光电开关如附图6-1所示。

附图6-1　对射型光电开关

感应门铃控制电气控制电路电气原理图如附图6-2所示。

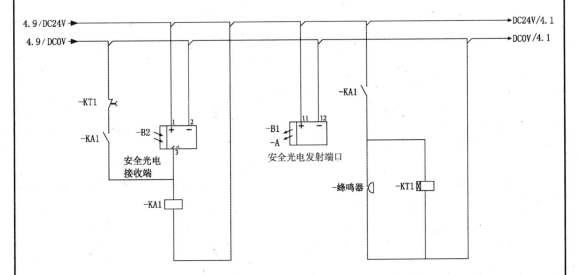

附图6-2 感应门铃控制电气控制电路电气原理图

如附图6-3所示安装蜂鸣器到按钮盒上;安装对射光电开关;结合电气原理图完成上述元件间的电气连接。经指导老师确认安全后进行传感器调试和感应门铃控制功能测试。

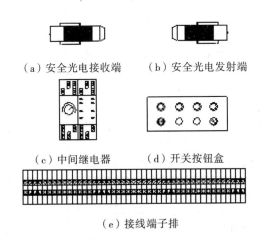

（a）安全光电接收端　　（b）安全光电发射端

（c）中间继电器　　　（d）开关按钮盒

（e）接线端子排

附图6-3 电气元件安装示意图

2.本任务要求实现以下目标

任务相关元件安装牢靠、合理,连接元件间的导线走线美观、规范,电气连接牢固可靠,电工工具使用规范;电路连接正确,无短路、断路、错接漏接发生;调试对射光电传感器有效检测物料。

要求实现使用感应门铃控制控制功能:

利用对射光电模拟光栅,用于检测来客;

当有来客,触发光栅,蜂鸣器响3秒后停止响。

二、感应门铃控制任务完成报告

姓名		任务名称	
班级		小组成员	
日期		角色分工	

任务内容
1.完成感应门铃控制系统任务的电器元件安装、接线。
2.正确完成感应门铃控制系统任务的功能。

任务评价

序号	评价指标	评价内容	分值	学生自评	小组互评	教师点评
1	功能验证	正确描述感应门铃控制功能	10			
		系统功能验证正确	20			
2	元件安装	能正确安装所有电气元件	20			
		元件安装规范、美观	20			
3	实物接线	电器元件连接正确	10			
		实物接线规范、美观	10			
4	安全文明	工具与仪表使用正确	5			
		穿戴工作服	5			
	总分		100			
问题记录和解决方法	记录任务实施中出现的问题和采取的解决方法					

附件7 异步电动机Y/△降压启动控制

一、异步电动机Y/△降压启动控制任务书

实践任务	异步电动机Y/△降压启动控制
实践目的	(1)熟悉Y/△降压启动的基本原理和实现方法; (2)掌握电气线路连接的基本操作方法和电工工艺规范; (3)熟悉常见电气元件及电工耗材的选用标准; (4)理解Y/△降压启动控制的基本功能和实现方法
实践要求	(1)完成本任务Y/△降压启动控制电路相关电气元件的安装固定,同时完成相关线缆的连接; (2)实现通过传感器检测有没有人进入来控制门铃响的功能; (3)不可带电操作,经指导老师确认后方可通电测试
实践设备工具	(1)电气安装板; (2)专用电工工具一套; (3)三相异步电动机1台、断路器2个、直流24 V开关电源1个、指示灯1个、中间继电器2个、时间继电器1个、按钮3个

1.工艺说明

Y/△降压启动工作原理说明如下。

合闸低压断路器QF,按下启动按钮SB2,交流接触器KM线圈得电,其常开触点闭合形成自锁;KT通电延时继电器开始计时,同时交流接触器KM1线圈得电,交流接触器KM1主触点接通、辅助常闭触点断开,主触点接通Y启动三相异步电动机,辅助常闭触点断开与KM2形成互锁;接通延时继电器定时时间到后,其常闭触点断开,交流接触器KM1失电,交流接触器KM1的主触点断开、辅助常闭触点复位闭合;同时接通延时继电器的常开触点接通,交流接触器KM2线圈得电,交流接触器KM2的主触点吸合,三相异步电动机△运行。

Y/△降压启动控制实物接线图如附图7-1所示。

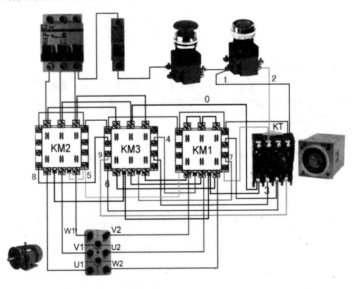

附图7-1 Y/△降压启动控制实物接线图

任务的电气原理图如附图7-2所示。

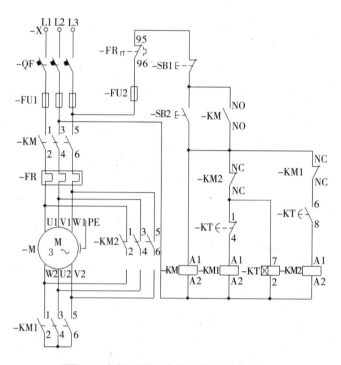

附图7-2 感应门铃控制电气控制电路电气原理图

如附图7-2所示,安装蜂鸣器到按钮盒上;安装对射光电开关;结合电气原理图完成上述元件间的电气连接。经指导老师确认安全后进行传感器调试和感应门铃控制功能测试。

2.本任务要求实现以下目标

任务相关元件安装牢靠、合理,连接元件间的导线走线美观、规范,电气连接牢固可靠,电工工具使用规范;电路连接正确,无短路、断路、错接漏接发生;调试对射光电传感器有效检测物料。

要求实现使用感应门铃控制功能:

利用对射光电模拟光栅,用于检测来客;

当有来客时,触发光栅,蜂鸣器响3秒后停止。

二、Y/△降压启动控制任务完成报告

姓名		任务名称	
班级		小组成员	
日期		角色分工	

任务内容
1.完成Y/△降压启动控制系统任务的电气元件安装、接线。
2.正确完成Y/△降压启动控制系统任务的功能。

任务评价						
序号	评价指标	评价内容	分值	学生自评	小组互评	教师点评
1	功能验证	能正确描述Y/△降压启动控制功能	10			
		系统功能验证正确	20			
2	元件安装	能正确安装所有电气元件	20			
		元件安装规范、美观	20			
3	实物接线	电气元件连接正确	10			
		实物接线规范、美观	10			
4	安全文明	工具与仪表使用正确	5			
		穿戴工作服	5			
		总分	100			
问题记录和解决方法	记录任务实施中出现的问题和采取的解决方法					

附件8 简易滑台往返运动控制

一、简易滑台往返运动控制任务书

实践任务	简易滑台往返运动控制
实践目的	(1)熟悉电机正反转电路的基本原理和实现方法; (2)掌握电气线路连接的基本操作方法和电工工艺规范; (3)熟悉常见电气元件及电工耗材的选用标准; (4)理解电机正反转电路与限位开关配合实现往复运动的方法
实践要求	(1)完成本任务简易滑台往返运动控制电路相关电气元件的安装固定,同时完成相关线缆的连接; (2)实现通过传感器检测滑块是否到达限位来控制电机正反转从而控制滑台往复运动的功能; (3)不可带电操作,经指导老师确认方可通电测试
实践设备工具	(1)电气安装板; (2)专用电工工具一套; (3)按钮2个、熔断器1个、DC24 V中间继电器4个、直流24 V开关电源1个、接近开关2个、同步轮1套导线若干

1.工艺说明

本任务电气控制电路由2个按钮和1个继电器KA2形成自锁回路控制电机所在回路的通断,通过两个接近传感器的感应状态和两个继电器KA3、KA4来控制中间继电器KA1的得失电状态,进而通过其触点的动作改变电机极向,通过电机的正反转反馈结果。任务的电气原理图如附图8-1所示。

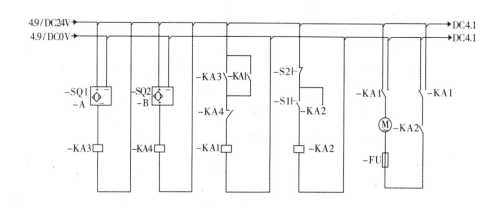

附图8-1 简易滑台往返运动控制电气控制电路电气原理图

如附图8-2所示两个按钮到按钮盒上;安装滑块检测接近开关;结合电气原理图完成上述元件间的电气连接。经指导老师确认安全后进行传感器调试和简易滑台往返运动控制功能测试。

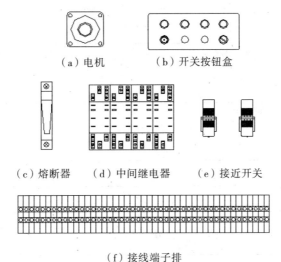

（a）电机　　（b）开关按钮盒

（c）熔断器　（d）中间继电器　（e）接近开关

（f）接线端子排

附图8-2 电气元件安装示意图

2.本任务要求实现以下目标

任务相关元件安装牢靠、合理,连接元件间的导线走线美观、规范,电气连接牢固可靠,电工工具使用规范;电路连接正确,无短路、断路、错接漏接发生;调试传感器有效检测滑块。

要求实现滑台往返运动控制功能如下。

（1）当启动按钮S1按下,电机顺时针旋转,滑块由左向右运动,当滑块触发右极限位开关,电机逆时针旋转,滑块由右向左运动。

（2）当滑块触发左极限位开关,电机正转,滑块由左向右运动。

（3）当停止按钮S2按下,电机停止运动,滑块停止运动。

二、简易滑台往返运动控制任务完成报告

姓名		任务名称	
班级		小组成员	
日期		角色分工	

任务内容
1.完成简易滑台往返运动控制系统任务的电器元件安装、接线。
2.正确完成简易滑台往返运动控制系统任务的功能。

		任务评价				
序号	评价指标	评价内容	分值	学生自评	小组互评	教师点评
1	功能验证	能正确描述简易滑台往返运动控制功能	10			
		系统功能验证正确	20			
2	元件安装	能正确安装所有电气元件	20			
		元件安装规范、美观	20			
3	实物接线	电器元件连接正确	10			
		实物接线规范、美观	10			
4	安全文明	工具与仪表使用正确	5			
		穿戴工作服	5			
		总分	100			
问题记录和解决方法	记录任务实施中出现的问题和采取的解决方法					

参考文献 CANKAOWENXIAN

[1] 韩雪涛. 电工一本通[M]. 北京:人民邮电出版社,2018.

[2] 王建华. 电气工程师手册[M]. 3版. 北京:机械工业出版社,2006.

[3] 王璐. 电机与电气控制项目式教程[M]. 北京:北京理工大学出版社,2017.

[4] 蔡杏山. 电气工程师基础[M]. 北京:化学工业出版社,2019.

[5] 戚新波. 电工技术基础与工程应用·电机及电气控制[M]. 2版. 北京:电子工业出版社,2013.

[6] 秦钟全. 低压电工实用技能全书[M]. 北京:化学工业出版社,2017.

[7] 王仁祥. 常用低压电器原理及其控制技术[M]. 2版. 北京:机械工业出版社,2008.